PERMACULTURE LIFE DESIGN

地球再生型生活記

土を作り、いのちを巡らす、パーマカルチャーライフデザイン

四井真治
YOTSUI SHINJI

anonima st.

はじめに

地球における人の存在意義はあるのだろうか？

子どもの頃からずっとこの疑問を持っていました。小学1年生の頃（1977年）に両親が建てた家は高台の新興住宅地にあり、そこは広大な森が開発されたところでした。北九州のその家は住宅地の端にあり、周りには、当時小学生の私がどこまでも続いているのではないかと思っていた丘陵地の森と、その谷《や》戸《と》地形にある池や水田が広がり、2階の自分の部屋からは大きな池と森の美しい景色が望めました。家の敷地から続く林にはドーム状に枝葉を伸ばした立派なヤマモモの木があり、友達とツリーハウスを作って遊んだり、丘陵地に点々とある水田の溜め池から伸びる用水路や小川で、生きもの好きな友達たちとフナやメダカ、ザリガニなどを獲ったりしていました。

父は旧労働省の元役人で、大学病院で運営の事務方をし、母も病院で働いていました。父は大分県の漁師町、母は農家出身だったので、家を建てた時はすぐに庭に果樹を植えたり小さな畑を作ったり、生ゴミで堆肥を作ったり、季節になると私と妹を森に連れてシイの実拾いに出かけたりと、当時から農的暮らしをしていて、様々な生活体験をさせてもらっていました。アヒルを飼いたいと言うと型枠を作りセメントを流し入れて、アヒルが泳ぐためのプールや飼育小屋を作ってくれたこともありました。大工道具も一揃い納屋にあり、無断で使ったりすると怒られたものです。両親はリタイヤしてかなり経つ今でも小さな畑で作物を育て、日本ミツバチを飼育しています。当時一緒に植えた八朔やネーブルオレンジ、レモン、杏、カリン、ビワなどの木は今もたくさん実をつけるので、私たちの住む八ヶ岳へ送ってきてくれます。今はエディブルガーデンとかフォレストガーデンという概念がありますが、そんなものに関係なく実践していた両親に育てられたことから、私の今の価値観があるのだと思います。

中学生になると住宅地周りの森の開発が進み、木々が切られ、慣れ親しんだ森が消えていくのを見て悲しみました。少年の私になすすべはなく、切られて放置された木々の姿の悲しさともったいなさから、その丸太を持って帰っては、思いをぶつけるように木彫りをしました。ちょうどその頃に原作の連載が始まった宮崎駿監督の「風の谷のナウシカ」に影響を受け、森からたくさんの種類のシダを採ってきては、小さな植木鉢に植えて日当たりのいい窓辺で育てたりもしていました。ほかにも、溜め池の用水路から珍しい淡水産の海綿やカスミサンショウウオを見つけて喜んだり、その卵を育てたり。丘陵地の谷戸地形には珍しい生物がいることを知っていただけに、森の木が切られ山は均され池が埋め立てられていくのは心が痛く、当時ニュース番組でも世界的な森林破壊が問題となっていたのが、遠くの国のこととは思えませんでした。

開発が進み森の木が切られていくけれど、そもそも自分が住んでいるところももとは同じ森だったところ。人が活動することが自然を壊すことになり、その人口増加が全体に広がった地球は壊滅的になりつつあり、自分もその一端であることを自覚した私は、自分の存在に矛盾を感じていました。地球の46億年の歴史の中で生物の大量絶滅は過去に5回起こり、人間活動を原因とする生物種の絶滅スピードは過去の大量絶滅の100倍にもなり、第6の大量絶滅が起こっているといわれています。もはや地球における人類の存在意義は失われているのかもしれません。

この本を手に取ってくださっている多くの人が、同じように感じていると思います。本書は、そんな人たちが自分たちの存在を否定しなくてもこの星で生きていける、持続可能な暮らしや社会を実現するための究極の原理が書かれています。私たち家族の長年の持続可能な生活実験での気付きから導いた理論でありまだまだ不十分なところはありますが、皆さんの「未来の暮らし」を実現するためのヒントとなれば幸いです。

それぞれの暮らしに「いのち」が宿り、自己組織化して繋がっていくことで、真の持続可能な社会と平和が実現されることを願います。

目次

CONTENTS

S

CHAPTER — 1 —

PERMACULTURE LIFE DESIGN

第1章

人は地球のがん細胞なのか？

地球は巨大な生命体　ガイア理論

地球は生命の星。これはよくいわれるフレーズですが、水星や金星や火星といったほかの岩石惑星と違い、「生命に覆われる」ことで地球の環境は安定しています。

植物の光合成により大気の二酸化炭素の割合が減って酸素が増え、大気の組成や温室効果は調節されるようになっています。また、豊富な酸素によってオゾン層が作られ、それによって太陽光の有害な紫外線が地表に届かないという環境が維持されています。そして、安定した気候は、一定の大気や水の大循環を作っています。

このように、生物と地球は相互に関係することで、全体として恒常性を保っています。そして、その安定がさらなる生命存続の安定へと繋がるよう、自己制御システムができあがり、持続する仕組みとして存在しているのです。このような仕組みを有する地球のことを科学者であるジェームズ・ラブロック（1919-2022）は、巨大な生命体として見なす仮説として「ガイア理論」を唱えました。

学生の頃に知ったこの理論を、当時の私はあたかも生命のように見えるだけではないかと思っていたのですが、本当の豊かさを求めて「いのちとは何か」を問い続け、地球上で生きることの意味を長年追求し、暮らしの中であらゆる実践をしてきたある日、ラブロックの言っていることはほぼ間違いないと思うようになりました。

今、原稿を書いている自宅2階の書斎の窓からは、本当の豊かさを求めて築いてきた暮らしの風景が目に飛び込んできます。樹高20m前後のクヌギやホオノキ、ヤマザクラの幹、そして木々の間からは、陽が当たって輝く私たち家族で創り上げてきた農園、その先には、心地よい陽だまりを作ってくれる竹林の景色……。耳に届くのは、カッコウをはじめたくさんの小鳥、蝉や虫たちの声。それらに紛れて、妻の千里《ちさと》が甲斐犬のスミレをしつける声、眼下に見える作業小屋からは長男の木水土《きみと》が、高校の同級生とバイクの機械いじりに興じる声や音が楽しげに聞こえてきます。森の涼しい風が運んでくれる美味しい空気を味わいながら窓の外を見るだけで、生命溢れる空間からたくさんの心地よい刺激を感じます。

これらたくさんの景色や音、雰囲気などを作る要素は、ただそこに存在して、私たちに心地よい刺激を与えてくれているのではありません。それらすべての要素は、〝繋がりのある意味〟によって存在しています。それは、持続する仕組みとして長い時間をかけて組み上がり、機能し、地球上に生命が誕生した40億年前から続いてきている仕組みの延長線上にあるものです。

地球が生命体だとすれば、そこに棲む生きもの一匹一匹は細胞のひとつひとつです。それらの繋がりによってでき、維持されている機能、例えば植物が太陽光を受け止めて有機物を作り森として蓄えたり、動物や昆虫、微生物が有機物を分解して大地の土壌を形成していたりなど、生きものの集まりや繋がりによって形成される機能は、内臓や筋肉などの組織と考えられます。しかしそう考えたとしても、地球は子孫を残すわけでもなく分裂するわけでもなく、ひとつの生命体であると考えるのは違和感がありました。

でも、こう考えてみるとどうでしょう。そのような恒常性は「続く仕組み」であり、それを生命でなく単なる「続く仕組み」として「いのち」と捉えるのです。つまり、地球は生命体ではなく「いのち」という、40億年かけて生命の繋がりによって作られた「続く仕組み」が宿った星と考えられます。

ウイルスは地球の免疫細胞

昔からよく、人間活動が環境を破壊し地球の存続が危ぶまれることの喩えとして、「人類は地球のがん細胞」といわれることがあります。かくいう私も、高校生まで福岡県北九州市の工業地帯に暮らしており、公害や開発による環境破壊を身近に感じていたため、よくできた喩えだと感心していました。と同時に、「がん細胞」である自分に自己否定感を覚え、多感な時期で受験勉強にも追われる中、何か自分にできることはないのだろうかと日々悶々としていました（そして、森林破壊をなんとかしたいという思いから結果的に、緑化関係の進路を選ぶことになりました）。

私たちの体は約60兆個の細胞でできていて、そこから日に5000個のがん細胞が生まれているといわれており、健康な人は免疫細胞が働き、がん細胞は退治され、がんとして発病することはありません。

がん細胞の特徴として、

1　細胞がまわりの細胞に同調せず

死なずにとめどなく分裂を繰り返す

2　正常な細胞が必要とする栄養を奪い
宿主を衰弱させる

3　周囲に広がったりほかの臓器に転移して
新しいがんを作る

などがあります。

まさにこれらの特徴は、寿命が延び、大型哺乳類にして80億人にも増殖し環境破壊をし続ける人類に当てはまるのかもしれません。

下の図は地球上のバイオマス（生物資源）について調べている時に見つけたもので、図Aは植物

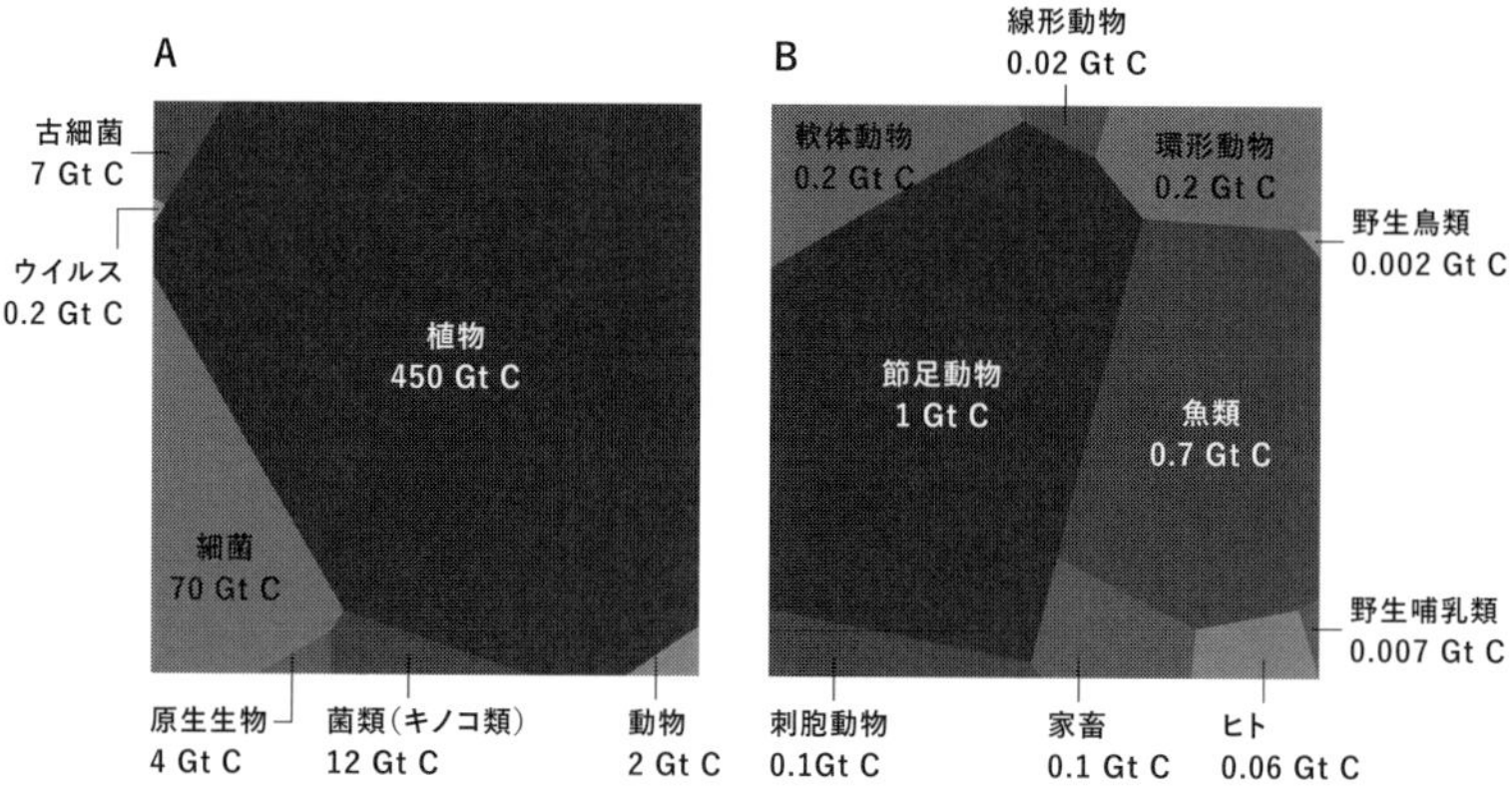

地球上のバイオマス分布

（注）ボロノイ図形式による表現。単位はGt（ギガトン、10^{15}g）C（炭素量）

（資料）Yinon M. Bar-On, Rob Phillips, and Ron Milba（2018）, The bio mass distribution on Earth　より作図

や菌類、動物などの分布、図BはAの「動物」の分布の内訳を表しています。現在の地球上には炭素量にして、バイオマス総量550Gt（ギガトン：10億トン）が存在し、そのほとんどは植物で450Gt、菌類や原生生物は93Gtで動物はたった2Gt、驚くことにウイルスは0.2Gtと人類（0・06Gt）の3.3倍、イカやタコなどの軟体動物、ミミズやゴカイなどの環形動物と同じ、鳥類の100倍、魚類の約0.3倍もいることに気が付きました。つまり、ウイルスはごくあたりまえな存在として地球にいて、機能しているということです。ウイルスの起源は古く、実は原核生物の遺伝子を守る核を作ったのはウイルスではないかという説もあります。なお、同研究者によると有史以前はその倍の1100Gtもの生物量があったと推定しています。

現在住んでいる山梨県北杜市のこの地で農的生活を始めて、たくさんの果樹を植えて育ててきましたが、過去2回マイマイガの幼虫が大量発生して木という木、果樹や森の広葉樹の葉が食べ尽くされるほどに食害を受けました。この蛾の大量発生は約10年に一度、周期的に起こるそうで、大量発生した後はだいたいスーッといなくなってしまいます。なぜいなくなるかというと、大量発生した幼虫にウイルス性の病気が蔓延するからです。

観察していると、シーズン終盤には死んだまま枝にぶら下がった幼虫が見受けられ、大量発生を抑える自然の仕組みが働いたことを実感できます。ウイルスに限らず自然界には天敵の関係があり、数のコントロールが自然と起こるようになっているわけです。

自然やウイルスはこのように大量発生した生きものの数をコントロールしたり、遺伝子の突然変異など進化のきっかけを作ったりして、生態系のバランスや生物多様性を生む働きを持っています。それは、生物体内で免疫細胞ががん細胞を退治する働きと同じようなシンプルなパターンであり、つまり地球上ではそうした働きがスケールの異なる「入れ子構造」のように存在しているのです。

多くの人が命を失ってしまった新型コロナウイルス感染症のようなパンデミックも、発生源といわれる中国の武漢は人口千数百万人の大都市です。どんな生きものであっても生息している場で過密状態になると病気が発生しやすくなるのは自然なことで、パンデミックが起こらない効果的な予防策は適正規模で過密状態にならないことなのではないかと考えさせられました。

大型哺乳類である人間という一種類の生きものが80億人もいるということも、地球の歴史からするとこれまであり得なかったことです。これからも地球の生きもののバランスを取る作用は、どこで働くかわかりません。

しかし、人間は考えて行動できるし、順応することができます。種類は一種類であれど、それぞれの場所の環境や自然の生産性に合わせて、生活様式の多様性を作ることができます。分散と環境への順応によるライフスタイルの多様性を作ることにより、地球の免疫の作用を受けなくてよくなるかもしれません。

大量絶滅は進化のきっかけ

地球が誕生して46億年、この星に生命が生まれたのは40億年前だといわれています。その40億年の生命の歴史において、主なものだけで過去に5回の大量絶滅「ビッグファイブ」が起こったといわれています。

地質時代と絶滅時期	絶滅の割合	絶滅の原因
1 オルドビス紀末（約4億4400万年前）	85％	超新星爆発のガンマバーストによる寒冷化。三葉虫などの海の生きものが絶滅
2 デボン紀後期（約3億7400万年前）	70〜80％	大規模火山噴火、温暖化による海洋の酸素不足
3 ペルム紀（約2億5100万年前）	90％以上	100万年続いた大規模火山噴火、世界規模の海岸線後退。もとの生物多様性を取り戻すのに1000〜2000万年かかった
4 三畳期末（約1億9900万年前）	76％	大規模火山噴火によるCO_2濃度上昇による温暖化
5 白亜紀末（約6600万年前）	70％	巨大隕石の落下

過去の大量絶滅が、どの地質時代でどれくらい前なのかを記しましたが、現在は1万1700年前から始まり現代に至る「新生代・第四紀・完新世」という時代であると定義されています。地質時代とは地球環境の変化と生物進化の過程を基に考えられた地球の歴史区分で、完新世はその前の更新世の氷期がおわり、温暖化が始まった人類の石器時代以降にあたります。そして近年、石器時代後の人類の農耕や様々な開発により環境破壊が進み、大気の二酸化炭素濃度まで変え気候変動を起こしているほど地球環境に影響していることから、もはや現代は「人新世《ひとしんせい》」に入っているのではないかとオゾンホールの研究でノーベル化学賞を受賞したパウル・クルッツェンが発言し、新しい時代区分が生まれようとしています。

気候変動と並行して地球環境に影響しているのは、人類による森林破壊、狩猟、乱獲などの環境破壊で、100万種の野生生物が絶滅危機に瀕しています。これは、これまでに自然界で起こってきた絶滅の数百倍の速さであり、このままのペースが続けば大量絶滅のレベルに達することになるため、すでに第6の大量絶滅が起こっているのではないかと科学者の間でいわれています。現在、全世界の生きものの半数が絶滅危惧種にあるという推計もあります。

ほかに、まだ見つかっていない大量絶滅があった可能性もあります。地域が限定された比較的小さな絶滅は起こっており、ビッグファイブ以前の原生代（約24～21億年、8～6億年前の2回）、カンブリア紀末（約4億8800万年前）にも大量絶滅は起きています。

原生代の大量絶滅は、酸素がなかった当時の大気から現在のレベルまで酸素が増えることによって起こりました。原生代の大気は、酸素がほとんどない嫌気的な環境で、窒素と、現在の75倍にあたる3％の二酸化炭素で構成されていました。現代の75倍もあったら強烈な温室効果で、果ては460℃の金星のように、生物が生息できそうもない気温になりそうですが、当時の太陽光度は現在の80％と弱かったそうで、現在の37倍以上の二酸化炭素濃度がないと地球は全面凍結してしまう環境だったようです。その後、原生代後期には太陽光度は94％程度に強まり、それまで酸素のない環境で進化してきた嫌気性細菌しかいなかった世界に、酸素発生型の光合成を行える細菌であるシアノバクテリアが現れ、大量の二酸化炭素を有機物として固定し、酸素を放出し始めたのです。

このようにして約30億年前に大気に干渉するようになったシアノバクテリアですが、原生代の約24〜21億年前と8〜6億年前には爆発的に光合成を行い、現在の大気に近い酸素リッチで二酸化炭素が少ない好気的な環境になりました。酸素が毒となってしまう嫌気性細菌の多くは絶滅しましたが、現代においても酸素の届かない深海や土壌深く、沼の泥の中などで生き残ったものたちが末裔として存在し、生物多様性の一部を成しています（ちなみに、私は土作りのためにその一種の光合成細菌を嫌気性環境を作って培養しています）。

シアノバクテリアによって生み出されたこの環境は、別の大量絶滅をも誘発しました。二酸化炭素が減ることで温室効果が弱まり、気温が平均気温マイナス40℃と下がり、陸地で厚さ３０００m、海で１０００mの氷で地球上が覆われる全球凍結を起こしました。こうして太陽光が入ってこなくなったことで、嫌気性細菌に限らず、シアノバクテリアや好気性細菌も大量絶滅してしまったそうです。このようにシアノバクテリアという生きものの活動によって起こった大量絶滅ですが、現在の豊富な酸素、そしてそれによりできた大気のオゾン層により強烈な紫外線から地上がバリアされることで、生きもの活動圏は広がり、酸素を利用する真核生物の誕生と相まって、その活動は陸上へと広がっていったわけです。
この、顕微鏡で見ないと見えないような小さな生きものであるシアノバクテリアの大量発生によって、何億年もかけて地球大気の組成や気候を変えたことは、生きものが地球を覆い、星が持続する仕組みを構築していく始まりとなりました。現在私たちが感じている自然の豊かさや安心できる環境、自分自身が生命として存在していることの喜びは、40億年続いてきた壮大な物語の末にあり、環境破壊による気候変動で大変なことになってはいますが、永遠ともいえる時間の物語はこれからも続いていく可能性があるのです。

世界各地で多発する森林火災も、人間目線で見るとただただ悪いことのように思えますが、温暖化で激化する前の自然界では、実は定期的に起こっているものでした。土の中でじっとしている菌類や植物の種の中には、火事の熱を刺激に繁殖し始めたり、発芽したりするものもいます。森や草原が年老いて生物多様性が乏しくなったところで、火事によって森から草原、若い森へと若返ったり、生物多様性のある生産性の高い状態へ戻る仕組みとなっていたり、自然の長い時間の尺度ではあたりまえのことでもあるのです。

だとしたら現在人類が起こしている気候変動や大量絶滅も次の進化のきっかけになり、自然界にとってはメリットがあるのではないか？　そのように主張する人もいます。

これまで地球上に生まれてきた生物種の99％は絶滅したといわれていますが、数々の大量絶滅後に残った1％の生物が進化して、各時代ごとに生物多様性を取り戻したことで、生物量は回復してきました。しかし、例えば90％以上が絶滅したペルム紀の大量絶滅はもとの生物多様性が戻るまで1000万年～2000万年かかったのではないかといわれています。回復するまでに化石ができるほどの時間がかかる上、大絶滅後の乏しい自然下においては、原始的で環境の変化に順応できる生きものならまだしも、人類は耐えられず滅びてしまうかもしれません。また、その生活は想像を絶するほど辛いものになるでしょう。それに、現在起こっている気候変動や大量絶滅は、過去に起こった変化のスピードと比べると数百倍も速いといわれているので、地球の恒常性が保たれなかったり、生物が環境に順応したりバランスを調整したりするスピードが追いつかなかったりすることが考えられます。さらに、急激な温暖化が地中や海中のメタンなどの温室効果ガスの発生を促し、またそれが連鎖して温暖化を加速させ、地球が金星のような高温の星になってしまい、生物は順応どころでなくなり、40億年の生命の歴史は終わってしまう可能性もあるという説もあります。

環境を壊すのではなく、豊かにする人の暮らし

人間以外のほかの生きものは、生活することが土や空気を作ったり水をきれいにしたり気温を調節したりと環境を豊かにするものですが、人間は生きることが環境を壊す存在になってしまっています。地球のいのちの仕組みという物差しで判断すると存在意義を失ってしまっているのです。

エコロジーとは何かと聞かれて、自信を持ってハッキリと答えられる人は少ないのではないでしょうか。例えば、地球に優しいとか環境にインパクトを与えない暮らしとか、マ

イ箸、マイバッグを使うとか、エコハウスを建てたりエコカーを利用したり、カーボンフットプリントの少ないもの、オーガニックな食品や化粧品、衣料品をなるべく買って使用するとか、サーキュラー（循環型）経済を実現するといった答えが出てくるかもしれません。しかし、それらの答えのほとんどは、結局のところ化石燃料やそれによって作られる材料の使用量や二酸化炭素排出量が減ったりするだけで、人々のライフスタイルの行動変容が起こるわけでなく根本的な解決にはなりません。それに、自分の存在や活動が環境に影響を与えないようにふるまおうとすることは、自己否定でもあるのです。

私は幼い子どもたちに、エコロジーという言葉の意味を「地球に優しく暮らすこと」と教えたくはありませんでした。それは間接的ではありますが、人の暮らしが環境を壊してしまうことが前提となり、人間である子どもたちの存在意義を否定することになるからです。しかし、長男の木水土が生まれ、2007年に山梨県北杜市の八ヶ岳南麓の地へ移住し、「家族」という持続可能な社会の最小単位でどこまで持続可能な暮らしを子育てしながら構築できるのか生活実験する中で、人の暮らしが環境を壊すのではなく、生物多様性を増やしより豊かにできることに気付き、子どもたちと一緒に実現することができました。

その気付き以来、「エコロジーやパーマカルチャーとは、地球における人間の存在意義を生むための学問や方法論である」と考えるようになったのです。

さらに私たちは、持続可能な暮らしを実現するべく様々な失敗をし、それを乗り越える中で、自然の物事の普遍性に気付き、その原理として「いのちとは何か」ということも解明することができました。そして、それを応用して、暮らしに落とし込むことを実現してきました。

もし、この本を読んでくださっている方がパーマカルチャーや持続可能な暮らしを実現するためにそのハウツーだけを得ようとしているのなら、少し考え方を変えてもらえたらと思います。というのも、パーマカルチャーを環境技術や適正技術の組み合わせや、循環のパズルのようなものだと考えているとしたら、過去の私と同じ失敗をしてしまうのではないかと思うからです。

パーマカルチャーの本に書かれていたり、実際に使われたりする技術はたくさんあります。例えば、ハーブスパイラルガーデン、キーホールガーデン、チキントラクター、スウェール、雨水タンク、バイオジオフィルター、コンポスター、コンポストトイレ、フォレストガーデン、アースバック工法、ロケットストーブなどなど。これらの作り方のハウツーを知り、パーマカルチャーの教科書に書いてある「3つの倫理、10の原則」に沿って循環の仕組みを作っても、それを実現することに満足するだけで終わってしまい、本質の追究ができなくなるかもしれないと思うのです。

「いのちとは何か」という原理は、パーマカルチャーに限ったものではありません。その原理を知れば、パーマカルチャーや自然農などの方法論や農法、あるいは、様々な環境技術などどこかの偉人が考えた方法にとらわれることなく、自分や家族、自分たちの身の周りの環境、文化に合った本当の意味での持続可能な暮らしを考えられるようになります。そして、その意味をより深く考えられることにより誰かの哲学や方法論にとらわれず、ありのままの自分を受け止め、地球にとっての人間の存在を肯定しながら、生きていくことができるのではないかと思うのです。

いのちとは何かを知り、その仕組みに沿った暮らしを実現していくことができれば、地球にとってのがん細胞ではなく、地球という「いのち」を豊かにするような存在に、人類はきっとなれるはずです。

本書では、私たち家族が創り上げてきた持続可能な暮らしを辿りながら、その中で得た学びや気付きとともに、「いのちとは何か」という原理についてお伝えしていきたいと思います。

CHAPTER 2

PERMACULTURE LIFE DESIGN

第2章

持続可能な暮らし【生活実験と考察編】

パーマカルチャーとは

暮らすことで出る生ゴミは鶏の餌に。その残りや、家族や家畜の排泄物を堆肥化し、台所からの生活排水はバイオジオフィルター（P164）を通し、微生物と植物の連携によって浄化。暮らしでできた堆肥で土作りをして、農園では野菜、果樹、穀物を栽培し、ミツバチを飼い、できる限りの食べ物を自給するなど、持続可能な暮らしを追究、実践し続けて23年が経ちました。以前住んでいた長野県高遠町（現伊那市）では築130年の家を借りてエコハウス的に再生し、手探りで生活実験を実践し、結婚と長男の誕生を経て、八ヶ岳南麓に広がる山梨県北杜市に移住。雑木林に立つ中古の日本家屋をリノベーションし、持続可能な暮らしの最小単位である「家族」だけで、試行錯誤しながら「生活実験」を継続してきたのです。

こうした持続可能な暮らしを追究する上で考え方の軸となったのが、1970年代のオーストラリアで発祥したパーマカルチャーです。

18世紀の産業革命以降、科学技術の発展に伴う大量生産・大量消費は加速するばかりとなり、人類のライフスタイルの変化によって森林破壊や環境汚染、化石燃料の利用を拡大させ、地球規模の環境破壊をもたらしてきました。そうした環境問題へ人々が目を向けるようになったのは、第二次世界大戦後の復興を終えて世界経済が安定し、生活が豊かになり始めた1960年代のことです。

人々の意識変革に大きな影響を及ぼしたのが、レーチェル・カーソンによる大ベストセラー『沈黙の春』（原書『Silent Spring』／1962年）でした。殺虫剤や農薬に使われる化学物質の危険性を取り上げ、警笛を鳴らしたこの作品は、出版から半年で50万部を売り上げるなど、社会的なムーブメントになりました。1954年から1975年まで続いていたベトナム戦争（オーストラリアも参戦）を受けて、社会の大義や正義への疑問、発展と同時に起こる環境破壊や社会問題に対して、人々が行動し始める時代だったのでしょう。平和と自然回帰を求めるヒッピー・ムーブメントもこのような時代背景の中で生まれました。

そんな時代にオーストラリアのタスマニア大学で教鞭をとっていたビル・モリソンと、大学院での彼の教え子であるデビッド・ホルムグレン（持続可能な農業について修士論文を書いた）によってパーマカルチャーという考え方が生まれたのでした。

ビル・モリソンの著書『パーマカルチャー　農的暮らしの永久デザイン』（農山漁村文化協会／１９９３年）の序文には、パーマカルチャーの説明がこのように書かれています。

「パーマカルチャーというのは、人間にとっての恒久的持続可能な環境を作り出すためのデザイン体系のことである。パーマカルチャーという語そのものは、パーマネント（permanent 永久の）とアグリカルチャー（agriculture 農業）とつづめたものであるが、同時にパーマネントとカルチャー（文化）の縮約形でもある。文化というものは、永続可能な農業と倫理的な土地利用という基盤なしには長くは続き得ないものだからである。」

さらに、続く文章ではこのように述べられています。

「（それは）生態学的に健全で、経済的にも成り立つひとつのシステムを作り出すことであり、それぞれの要素にとっての必要がそこで満たされると同時に、搾取したり汚染したりすることのない仕組みであり、したがって長期にわたって持続しうるシステムである。」

パーマカルチャーとは、パーマネント（永久の）とアグリカルチャー（農業）、そしてカルチャー（文化）を組み合わせた言葉で、永続的な農業をもとに永続的な文化を築いていくためのデザイン手法のことをいいます。そして、このシステム思考とデザイン思考を実現していく上で、地球という星での生存を賭けた道徳的信条として、パーマカルチャーでは以下の「3つの倫理」を掲げています。

・地球への配慮

すべての生物・無生物に対する心配りをし、他との関係を考え、節度ある行動を心がけること。

・人への配慮

人間の基本的欲求を保証することにより、人間活動が大規模な環境破壊にならないようにすること。

・余剰物の共有

余った時間とお金とエネルギーを、地球と人々に対する配慮という目的の達成に貢献できるように使うこと。

地球上というだけでひとくくりにすることはできず、国や地域、住む場所によって当然、周辺環境や条件は異なります。どんな気候、どんな文化的条件においても適用しうる持続可能なシステムとして機能させることができるよう、パーマカルチャーでは、次の「10の原則」が設けられています。この原則をもとに、用地の全体設計を行い、建物、菜園、果樹園、家畜の飼育、コミュニティーや経済といった持続可能な環境を創るための要素を考え、どのようにデザインしていくべきかを体系づけているのです。

なお、本書では割愛しますが、パーマカルチャーのアイデアの基を考えたデビッド・ホルムグレンは、また違う切り口で「12の原則」を述べています。

パーマカルチャーの創始者であるビル・モリソンとデビッド・ホルムグレンが定義した倫理や原則はとてもわかりやすく、上手に体系化されていると思います。

7. 小規模集約システム

できることから小さく始める。植物の重層。時間の重層。必要なシステムを作るために最小限の労力、時間、エネルギー、資源、空間を利用するようにデザインする。これによって最小限の力や時間で最大の効果を得ることができる。

8. 植生遷移と進化の加速

植生遷移とは生態系の時間的な変化をいう。例えば荒れ地から草原、森林へと変化していくこと。この変化は、環境や生物の多様性と土壌を生み出す。この遷移の変化を手助けし、加速させたり留まらせたりすることで土地の機能や生産性を上げることができる。

9. 接縁効果

自然を観察すると、際（接縁）は２つの生態環境が出会うところであり、もっとも多様性に富んでいる。 例えば、陸と水、森と草地、河口と海などでは､両方からの資源やエネルギーを利用できるため生産性が増大する。このような環境を利用しデザインすることで、生産性を上げることができる。

10. 多様性

地球のエコシステムは、多様性によって安定し成り立っている。環境の多様性を作ることにより植物や動物の多様性が生まれ生態系として安定し、リスクを減らすことができる。システムにおいては、多くの機能による重要機能の維持を実現しリスクを減らすことができる。しかし、やみくもに多様性を求めるのではなく、要素間に協力があったり相互に無害であったりするようなデザインが必要。

パーマカルチャーの10の原則

1. 繋がりのある配置
そこにある構成要素が独立することなく、互いに関連を持ち機能するように配置し持続可能なシステムを考える。

2. 多機能性
システムを構成する要素それぞれが、多機能性を持っているように選んだりシステムをデザインする。

3. 多くの要素による重要機能の維持
水、食物、エネルギー、防火などの重要な機能は、複数の方法で充たされるようにする。 バックアップシステムを考える。

4. 効率的な活動、エネルギー計画
その土地にある様々な要素の最適な配置やゾーニングを、仕事の手間や移動距離、その土地の微気象、エネルギーの流れ（日当たり、風の向きなど）、傾斜（高度）などで決定する。

5. 生物資源の活用
植物や動物は、燃料や肥料の供給、耕起、害虫防除、除草、養分のリサイクル、生育環境の向上、土壌の維持、防火、土壌浸食防止などに役立つ。場合によっては、人が手間をかけなくても機能させることができる。

6. エネルギーと物質の循環
外から流入してくるエネルギーおよびその場所で作り出されるエネルギー、その土地を去っていくエネルギーとの間に、どれだけ数多くの有効エネルギー貯蔵所を作れるかがデザインのポイントとなる。

原理を理解し、発展させる

その一方で、実は長い間、私はその本質が捉えられず、つかみどころのない感覚に悩んでいました。その理由は、創始者の二人が提唱するパーマカルチャーには原則が詳しく述べられていましたが、原理については述べられていなかったためです。

私は大学院で緑化工学を専攻し、森作りや土壌について学び、研究していました。また、社会人になってからは緑化事業の仕事などで各地の現場をまわり、農業を実践し、土壌分析業務をするなど、農業や自然について深い関わりを持ってきたため、自然科学的なパーマカルチャーの考えはすんなりと理解することができました。ですが、この原則を基にして「持続可能な仕組みをデザインする」という行為は、私のパーマカルチャーへの理解の浅さもあったため、結果的に「環境技術の循環のパズルを組み立てる」という感覚に近く、どこか表面的なものに感じられてしまいました。当時は、自分自身についてパーマカルチャリストであることはもちろん、仕事の肩書きとして「パーマカルチャーデザイナー」と名乗るのが恥ずかしいと思うくらいに、自信を持てませんでした。

日本におけるパーマカルチャーはまだまだ歴史が浅いこともあり、海外での事例をそのまま転用しがちです。例えば、パーマカルチャーの特徴的な菜園として知られるハーブスパイラルガーデン（石を螺旋形に積んで作る、日照・湿度などの微気象の多様性に富んだ菜園）やキーホールガーデン（円形の菜園に鍵穴型の作業通路を作り、管理するもの）、フォレストガーデン（食べられる森作り）、チキントラクター（移動式の鶏小屋によって畑を耕す）を組み合わせていけば、それでパーマカルチャーと呼べるのだろうか。いや、それはパーマカルチャー的な物を並べただけで、本質的なものではないのではないか、という迷いを常に感じていたのです。

うずまき状に設計することで、ひとつの花壇の中で日当たりや湿度ほか、たくさんの環境条件を作り出す「ハーブスパイラルガーデン」

パーマカルチャーの原則を理解することはもちろんですが、私としては、その基となる原理を知りたいという強い渇望がありました。原理に辿り着かないことには、つかみ所がない感覚を解消できないと思ったのです。その欲求と自信のなさは、家族とともにコツコツと生活実験したことで、やがて満たされることになります。生活実験を経て、実践、検証、考察を重ねる中で、私なりにその原理を発見できたからです。

原則とは、ある人がある仕組みを読み解き、解釈してルール化したものであり、個人の解釈がその基になっています。それに対し、原理は物理など物事の現象の仕組みそのものであり、原則の根本となることです。

西洋文化では、自然は人の手によって支配するものであるという考えがあり、人間中心的な自然観がベースにあります。そして、個人主義的な文化も根付いています。そのため、人間の解釈である原則やハウツーがあれば、それで十分ということなのかもしれません。一方で日本文化は、支配するのではなく、共生する対象として自然を捉える傾向にあり、さらに己（個）としてよりも、己をとりまく環境を重んじる文化があります。

また、西洋文化では住所を記す際、通りの名前、町、市、国の順が基本であり、名前も名、姓の順で並んでいて自己が中心ですが、日本文化では住所も名前も逆の順序になっており、全体の中の一部として表現されています。こんなところにも文化の違いが現れているのです。

環境＝自然＝原理の中の自分という認識で社会生活を営むのが日本人であり、原理を重んじる民族であるともいえると思います。原理や現象の中での自分の立ち位置を理解し、思考や思想を育んできた民族なのです。

例えば日本人は、鉄砲伝来以来の西洋文化を原理から理解することで、ただの複製だけに留まらず、自分たちの技術として昇華させ、独自の文化やもの作りを発展させてきました。原理を知ることができれば、根本から理解して、独自に考え組み立てていくことができます。それはとても素晴らしいことではないでしょうか。

そんな日本人元来ともいえる性分から原理の解明を切望した私は、日本の風土に合ったパーマカルチャーを探究し、考察を重ねてきたのです。

私が辿り着いた原理については4章で詳しく説明しますが、原理の発見へと繋がっていった、私たち家族の学び多き生活実験について、これからお伝えしたいと思います。

パーマカルチャーとの出会い

私たちは2007年の冬に家族で山梨県北杜市にある今の家へ引っ越し、現在に至りますが、実はその前に住んでいた長野県高遠町の古民家でも、6年間にわたってパーマカルチャー的な工夫を暮らしに取り入れていました。

2000年の29歳の時、東京にある緑化機械や資材を開発している会社を退職した私は、母校の信州大学がある伊那市に帰り、有機農業のコンサルタントとして独立しようと考え、実績を積むためにとりあえず農業を始めました。突如出戻りした私に、卒業後も伊那市に住み続けていた大学時代の友人があれこれと世話を焼いてくれ、伝手《つて》を辿って見つかったのが築130年の古民家でした。山奥の山村にあったその家は、一見、住むのも大変そうな状態でしたが、独自の日本のパーマカルチャーを組み立てられないかという想いもあった私は、移住先の家として古民家を選んだのでした。

私とパーマカルチャーとの最初の出会いは、大学時代にまで遡ります。大学の生協でビル・モリソンの『パーマカルチャー　農的暮らしの永久デザイン』が販売されており、緑化工学を学んでいた私にとっては至極、興味深い内容ばかりで、何度も読み返した愛読書のひとつでした。そして、伊那市に移住してまもなく、ひょんなところでその本と再会することになったのです。

農業を新たに始めた私は、同時に友人の紹介でとある会社に勤めることになりました。その会社は土壌を分析し、どのように土を改良し、作物を育てるのかというコンサルティングを行い、有機資材を販売する有機肥料会社でした。私はそこで土壌分析を手掛けることになったのですが、その会社の本棚に『パーマカルチャー　農的暮らしの永久デザイン』があったのです。手に取って読んでいると、「その本、私も訳者の一人なの」と、社長の奥さんだった小祝慶子《こいわいよしこ》さんが昔話をしてくれて、大変驚きました。

その後、慶子さんが安曇野で開催されているワークショップに一緒に行こうと誘ってくださり、そこから具体的かつ実践的にパーマカルチャーの世界が広がっていきました。

環境事業や環境教育イベントを通し、持続可能で豊かな日本を作ることを目指すNPO法人「BeGood Cafe」代表・シキタ純《きよし》さんとともにそのワークショップを運営していたのが、パーマカルチャーセンタージャパンの代表・設楽清和《しだらきよかず》さんでした。パーマカルチャー

愛知万博ではパーマカルチャーガーデンを併設したオーガニックレストランを設計。生ゴミはミミズコンポストで堆肥化。排水はバイオジオフィルターで浄化。ビオトープ、水田の水を湛え、生きものが溢れるガーデンを作った。

センタージャパンは、1996年6月に神奈川県藤野町（現相模原市緑区）に設立されて以来、日本のパーマカルチャーの中心的な役割を果たしてきた歴史ある存在です。そこでは、年間を通してパーマカルチャー塾を運営しているのですが、私は塾生としても参加しつつ、緑化工学と土壌の知識と経験を買われ、2003年からは講師を務めることになりました（そして、現在に至るまで20年、講師の一人として活動に参加しています）。

そうして、パーマカルチャーの学びを深めていく中で、2005年に大きな転機が訪れます。シキタさんにお声がけいただき、「2005年日本国際博覧会（愛知万博）」の地球市民村に作られた飲食ブース「ナチュラルフードカフェ＆オーガニックガーデン」のパーマカルチャーデザインと施工指導、会期中のメンテナンスを担当することになったのです。その後もシキタさんは荒廃したみかん園のパーマカルチャーによる再生ワークショップや、商業施設の現場などのチャンスを与えてくださり、その経験と実績がプロのパーマカルチャーデザイナーとして仕事をすることに発展していきました。

山村の古民家でのパーマカルチャー的生活実験

ワークショップや塾で仲間と共にパーマカルチャーに触れる傍ら、高遠町の古民家では、自らの暮らしを通して、パーマカルチャー的な生活実験を追究していました。土壌分析と有機肥料の販売の仕事をしながら、休日のすべてを場作りに費やしていたのです。

住んでいた集落は、西から東へ川が流れる谷沿い、陽光が一日中降りそそぐ南斜面にありました。標高約１０００ｍの寒冷地のため、天井裏に断熱材をしっかり入れたり、冬が来る前に薪ストーブを設置したりなどの寒さ対策にはじまり、キッチンを使いやすくするために換気扇やガス台を設置するなど、当時独身だった私は一人で建物のリノベーションを始めていきました。

さらに、デッキ下の傾斜地に、独学で排水浄化装置「バイオジオフィルター」を作りました。入居当時、台所やお風呂から出る生活排水は、傾斜地に飛び出た配管から垂れ流しの状態だったのですが、排水を浄化させ、栄養分を回収する仕組みを実現することができました。雑草に吸収してもらった排水の栄養分は、堆肥の材料や畑のマルチ材として利用できるようにしました。

また、大学院時代から緑化工学の研究の傍ら、熱心に取り組んでいたミミズコンポストも作りました。当時、ミミズコンポストは一般的にはあまり知られておらず、独自に改良したものを完成させました。ほかにも、段ボールなどの紙ゴミや燃やしても問題のない家庭ゴミを有効利用できる焼却兼用風呂釜の排熱で、浴室の暖房をできるように改造したり、ボットン便所を簡易水洗の便座に交換し、容量の少なかった便槽タンクを大きなものに取り替えたり、家の前にキッチンガーデンを作り隣の畑を小麦畑にしたり……。最初の5年間は単身独学で、コツコツと持続可能な暮らしの場作りを行っていました。

長野県高遠町の黒澤という集落にあった築130年の古民家。日当たりが良く、水も土も豊かな土地で生活実験をするには最適な場所だった。

2003年に、うちの暮らしを見たいと訪ねてきた妻の千里と出会い、翌年に結婚。家族が増えることを踏まえ、古くなった畳の部屋をアカマツ材の床に張り替えたり、子育てをするなら天井の高い立派な梁の見える家にしたいと昔の天井を隠した化粧天井を抜いたりなど、さらに家の改良を重ねました。

パーマカルチャー的な取り組みでいえば、カナダ製のコンポストトイレを導入し、自分たちの排泄物によって肥料が手に入る循環の仕組みを新たに取り入れました。ほかにも、廃食用油で走るディーゼルエンジンの車を導入したり、中古の太陽熱温水器や当時まだ珍しかった太陽光パネルを譲ってもらって設置したり、愛知万博の廃材としてもらってきたガラス付きの木製建具を用いて縁側を木製温室で覆い、サンルームとして活用できるようにしたり……。時に、電気や水道が止められるほど貧乏な暮らしをしながらも、本当に休みなく、夫婦二人で様々な暮らしの作業と実験を行っていました。

そんな暮らしの中、私は肥料会社の技術顧問やパーマカルチャーの講師業などを通し、上京や出張機会が少しずつ増え始め、環境に関心を持ち始めた世間の反応を感じるようになりました。一方で、いつも家を守ってくれていた妻の千里は、当時地元では環境に対して関心のある人がほとんどいなかったこともあり、孤独感を募らせることも少なくなかったようでした。当時の話をすると、彼女は辛かった記憶を思い出し、涙を流してしまいます。未来の見えない状況の中、思い描く理想を信じ、よく我慢して付き合ってきてくれたと彼女には感謝しかありません。

家族とともに新天地、八ヶ岳南麓へ

愛知万博の実績からその後、商業施設の環境デザインを手掛けるなど、パーマカルチャーデザイナーとして仕事の手応えを感じてきた頃、ある著名な方が、新しく建てる家のパーマカルチャーデザインを依頼してくださったことがありました。そして、我が家まで見学にいらしたのですが、家を案内していると、「いいですね」と言って様々な場所の写真を撮るものの、「同じことをやりたい」という言葉を聞くことはできませんでした。その時の反応から、古民家を活用してパーマカルチャーを実現する暮らしは、一般的にはハードルが高いと思われてしまうことに気が付きました。今後活動していく上では、もっと等身大の提案をするべきだと思い、新たな土地探しを始めることにしたのです。

当初は新築の家を建てるつもりでいたのですが、ご縁があり、県境に近い山梨県北杜市の八ヶ岳南麓で、理想的な中古物件と出会いました。不動産屋から「秘密物件」として紹介されたその家は、築30年の日本家屋で、傾斜地にある美しい広葉樹の雑木林の中に建っていました。天然素材で作られた家は経年の味わいを醸し出しており、時間をかけて育った雑木林と建物、動線の踏み石で築かれた風景もまた、お金で買うことはできない大きな価値が感じられました。さらに、斜面に立っているコンパクトな家の下に薪ストーブのある部屋を増築すれば、斜面を活かしたエネルギー循環もできるのではないかと、イマジネーションが膨らみました。内見当時、まだ在住されていたオーナーが親切にも近隣を案内してくださり、周辺環境も気に入って、新たな移住先としての決意が固まりました。

土地探しをしていた2006年5月に長男の木水土が産まれてきてくれました。住んでいた高遠町は過疎地の山間集落で、近所のおじいさん、おばあさんが泣いて喜んでくださったことを、昨日のことのように思い出します。後ろ髪引かれる思いもありましたが、翌年の冬、北杜市に引っ越すことにしました。幼子を抱えながらの引っ越し作業は大変でしたが、春から活動を始めるために、少しでも早い冬のうちに引っ越しをしたかったのです。

社会の最小単位「家族」として

一歳七ヶ月の木水土と、妻の千里の三人で八ヶ岳南麓での暮らしを始めるにあたって、考えていることがありました。パーマカルチャーを実践するのはもちろんだけれども、せっかくなのでいかに家族だけで持続可能な暮らしを築けるのか、生活実験しようと決意したのです。

パーマカルチャー界の繋がりでは、コミュニティー形成を重視しているため、何かにつけてワークショップという形で共同作業を行うことが多々あります。人を集めて共同で大変な作業をこなしながら、同時に学んでいくというものです。それは悪いことではなく、企画者、参加者としてもいい体験ですが、一方で、他人に頼らないと暮らしが成り立たないようでは本当の持続可能性ではないなと、私自身はどこか違和感を覚えていました。

人が集まった時にそれぞれの特徴を活かし、お互いの欠点を支え合うということはとてもいいことだと思います。でも、自分ができないことは誰かがやってくれる、という他力本願な姿勢でコミュニティー形成すると、能力者に欠員が出た場合に、まるで生態系が崩れるように、そのコミュニティーがパッタリ機能しなくなってしまうと容易に想像できてしまったのです。

私の祖父母が暮らしていた大分県宇佐市の漁村や農村では、日本の古き良き文化が残っていて、村の誰もが自分で何でも作れたり、修理したり、栽培したり、といった生活技術を備えていました。現代では、「男は力仕事ができて、ノコギリや金槌を使えないと」とか、「女は料理、裁縫ができるもんだ」などと言うと問題になりかねませんが、私が子どもの頃の昭和の時代は、まだそういう認識や価値観がしっかり残っていましたし、過度に便利な家電品やサービスが発達しておらず、使い捨て文化も広まる前でした。戦後を生き抜き日本の高度成長を支えてきたという自負もあった世代なのでしょう。祖父母や親からは、「もし食べ物や道具が手に入らなくなったら」という言葉をよく聞かされていたほど、生きるための基本的な生活技術を、それぞれが必要十分にできることが求められましたし、人々もそのことに誇りを持っているという時代でした。誰もが、暮らしの気構えや手作りで工夫する感覚を、あたりまえのように身に付けていたのです。

そういう社会環境であれば、ある問題や課題を解決、克服できる「得意な人」に欠員が出たとしても、残った人だけで十分に欠員を補えるため、持続可能なコミュニティーとして成り立っていたのです。昨今叫ばれているレジリエンス（しなやかな回復力）も、昔はこういうことで機能していて、それがあたりまえでなくなってしまった今、改めて必要という指摘がなされているのかもしれません。

家族で生活実験をすることにこだわったのは、もうひとつ理由がありました。「社会の最小単位は何か？」ということを考えたとき、個人主義の現代では、個人と捉えられがちですが、私は家族だと考えています。社会の持続性がどうして保たれているのかというと、子孫を残すことや世代交代することによって機能しているからです。最小単位の家族として、どこまで持続可能な暮らしを築けるのか、生活実験してみたかったのです。ただし、子孫を残すということを考えると、基本的には家族が社会の持続可能な最小単位であるということであって、けっして単身者や子どものいない家庭を持続可能でないと否定しているのではありません。誰しもが必ず、社会全体が持続することに何らかの形で寄与しているはずであり、だからこそ活躍する場があるはずで、それも社会の中の在り方の多様性と考えています。

そんな多様性を含む持続可能なコミュニティーの在り方については、最後の章で少し触れてみたいと思います。

生活技術が生む美しい風景、石積み

我が家の土地は落葉樹の雑木林なのですが、隣の森にはアカマツ林が広がっていて、その境から手前にはグラデーションがかかるようにアカマツの大木もポツポツと生えていました。

私たちが引っ越ししたのは、寒いクリスマスの日。小さな子どもがいることもあり、すぐにでも暖がほしいところでした。幸いにして、前オーナーが立派な薪ストーブを残していってくれたのと、引っ越す数ヶ月前にアカマツを倒してくれていたので、そのアカマツの倒木をチェーンソーで切って斧で薪割りし、やや生乾きの薪を使って、家の薪ストーブでなんとか暖を取ることができました。そのため、引っ越してきて初めての庭仕事は、雪の中の薪割りでした。

近年は冬でも雨が降るようになってきましたが、移住した当時、この辺りは寒冷地で、雪深くはないけれどそれなりの頻度で膝くらいの高さの雪が降り積もっていて、冬らしい冬に満足していました。長野県高遠町に住んでいた時は、標高がほぼ1000mの山村だったので、雪が降ると毎回30㎝以上は積もります。雪がさらに降り積もると春まで解けない根雪になってしまうため、冬の間はいつも雪かきに追われていました。北杜市へ移住したら、冬がずいぶん気楽になったね

暖をとるのに欠かせない薪ストーブ。燃料は、すべて敷地内や周辺の広葉樹から賄うことができる。

と千里と話していたものでした。

冬の間は、森に横たわっているアカマツを薪にする作業をしながら細かい地形を感じ取り、春になったらどのような配置で開墾して畑を作っていくか、傾斜地ではどのように段々畑を作っていくか、そして、どうやって作物を育てるか……。日当たりや地形、家との動線などを考慮しつつ、あれこれとイメージしながら過ごしていました。

実は当初、我が家のパーマカルチャーデザインはあえてやりませんでした。その理由は、持続可能な暮らしの生活実験なので、仕事で一気にデザインするのと違い、暮らしが育っていく時間の流れに合わせてリアルタイムで考え、アイデアや技術が実現していくことで、暮らしの場が育っていくようにしたかったからです。そのおかげで、とても贅沢な物事の進め方ができたように思っています。

そして春、コンクリートのように硬く凍った土が解けていき、いよいよ開墾と畑作りを始めました。今か今かと待ち望んでいた春です。

家屋の南側は、石積みの段々畑にする計画でした。そのため、できるだけ木を切らずに畑を確保できるように配置を考え、木の伐採を始めました。けっこうな傾斜地のため重機が入れられないことから、唐鍬《とうぐわ》（根切りや開墾作業に向く丈夫な刃の鍬）で根を切りながら土をほぐし、スコップと諏訪鍬《すわぐわ》（幅広の形状で、土を引いたり、幅広の刃に土を載せて移動させたりできる鍬）で土を掘り、その土を移動させながら、なるべく表土を活かすよう段々畑を作っていきました。

大学で農学部森林科学科を専攻した私は、林道の作り方も授業で習っていました。地形的には、斜面に段々畑を作るのも、林道を作るのも原理は同じなので、それを思い出しながらスコップや諏訪鍬と一輪車を駆使して、切り土と盛り土を繰り返していきました。地形的に、重機を入れられなかったため手道具だけの作業となりましたが、人一人の労力だけで傾斜地にこれほどの段々を作り、広い平らな場所を確保できるものなのかと、自分でも感心するくらいスムーズに作業を進めていきました。

段々を作ったあとは、そのままにしておくと土が崩れ、流れてしまうため、土留めをしなくてはなりません。そこで、石積みという技術が必要になってきます。石積みは、私がいつか自分の家や現場で実現したいと考えていた憧れの技術でした。憧れるひとつのきっかけとなったのが、パラグアイで見た暮らしの風景です。
東京の緑化会社を２０００年に退職してすぐ、私は、南米のパラグアイへ飛び立ちました。自然の土壌ができる仕組みを活かして有機農業のコンサルタントをできないかと考えていた私は、パラグアイの大豆の不耕起栽培を視察するために、戦後に日本から移住した人々の土地「イグアス居住区」の農業試験場を見学する計画でした。無事に視察を済ませた後は、そのまま1ヶ月間、ブラジルやボリビア、ペルーを一人旅してまわりました。

15年経つ今も崩れることなく景観を保っている石積み。日本の風景には馴染み深い、昔ながらの空石積みの技術を応用して作った。

その時、チチカカ湖岸を走るペルー鉄道の車窓から見える風景に目が釘付けになりました。湖岸に無数に広がる畑の囲いや、クスコやマチュピチュの町並みや神殿は、それはそれは美しい石積みによって形成されていました。一方、日本の田舎にも同様に石積みの風景は今もなお残っています。つまり、里の暮らしには、石積みが必ずあります。その事実と景観の美しさを知った私は、いつか自分の暮らしにも石積みを取り入れたいと旅をしながら考えていたのです。

また、大学院での恩師である信州大学の教授、山寺喜成《やまでらよしなり》先生に教わった技術も、石積みを手掛ける動機のひとつになりました。山寺先生は、アフリカのジブチで緑化事業に携わられた際、ストーンマルチ工法という技術を用いたそうです。ストーンマルチ工法とは、砂漠の地面に密度の高い蓄冷性のある石を敷き詰めることで、水分補集・保持をするための技術です。夜間の蓄冷効果を利用したもので、夜温で冷えた石に結露して集まった朝露が、石を伝わって石の裏に集まります。そうすると、敷き詰められた石の間に植えられた緑化植物が、その水を利用して育っていくのです。また、石が地表を覆うマルチ効果によって、乾燥を防ぎ、そのまわりの温度環境を安定させてくれる効果（寒冷地では蓄熱効果）もあるといわれています。それらのことに加え、石の隙間が様々な生きものの住処になるということも、私は期待していました。

２００８年当時、石積みを詳しく説明する本は見当たらず、地域にある石積みを手本に、見よう見まねで積んでいきました。乱積みな仕上がりになってしまいましたが、15年経つ今でも石積みは崩れることなく機能しています。プロの土木や造園師が手掛ける芸術品のような完成度でなくても、暮らしていくという目線での機能は必要十分で、景色の美しさを感じられるものに完成させることができました。

石積みに限らず、生活実験を通しながら、暮らしの技術と風景はそういうものであると学んだのもこの時期だと思います。こうやって日々の作業の積み重ねが、暮らしからできる本物の景色を作っていきました。

雑木林開墾からの気付き／土の生産性

この雑木林にある一軒家を選んだ理由のひとつは、落葉広葉樹の林があったからでした。樹高18mもあるクヌギやコナラ、ヤマザクラ、ホオノキ、アカシデ、アオハダなどなど。それらの植物を支えられるくらいに土壌が豊かで、一部を開墾して段々畑を作ってその土を土壌改良すれば、すぐにでも収穫が望めるだろうと期待していたからです。

林を開墾し、一段一段、石積みの段々畑を作っては、ミミズコンポストの堆肥をベースに発酵鶏糞、牡蠣殻石灰で土作りをして、季節の野菜の種を蒔きました。しかし、コマツナやハツカダイコンのような比較的栽培が簡単な作物でさえ小さくしか育たず、味は辛くなってしまうことが続きました。私はこのことをきっかけに、堆肥や肥料が撒かれて土壌改良された畑と、森の土壌を安易に同一視していたこと、そして、森の土を畑土壌に改良するのは簡単だろうと長年、誤った認識をしていたことに気付くことになりました。

農園で遊ぶ長男の木水土。子どもたちも小さな頃からよく畑作業や石積みなど、暮らしの仕事を手伝ってくれた。

緑化工学では、森を育てるために森の表土を使うと樹木がよく育ちました。また、大学院時代の学友が、借家のログハウスと森との境目を開墾してトマトやナス、ピーマンを栽培したらお化けのように育ったのを見ていたこともあって、森にはいい土があり、その土で野菜を育てるとよく育つと私はずっと思い込んでいたのです。

我が家の林の有機物豊富な黒っぽい表土の厚さは10㎝くらいで、その下には森林褐色土という薄い赤茶色の火山灰由来の土がありました。土壌分析してみると、典型的にリン酸分の少ない、かなり痩せた酸性の土地であることがわかりました。日本は火山国で火山灰由来の土地が多いのですが、火山灰は、植物の三大栄養素である窒素、リン酸、カリウムのリン酸と硬く化学結合してしまい、植物が吸収できない状態になっています。こうした土地では、黒々とした土壌であっても遺伝子や細胞膜の材料であるリン酸分が欠乏してしまい、作物がうまく育たないのです。

そうはいっても、これだけ大きな木があるのだから大丈夫だろうと、私は見積もっていました。植物が吸収できる可給態のリン酸分が微生物や植物たちによって表土に集められていて、そのおかげで木々が育っているのだろうから、石灰で中和し、堆肥や発酵鶏糞などで窒素やリン酸、カリウムをある程度補ってあげれば作物を栽培できるだろう、と。ですが、それは完全に誤りだったのです。その結果、育ちの悪い野菜しか作れなかったことは予想外の出来事ではありましたが、まさにこの思い込みと失敗の経験によって、新たな気付きへと導かれることになったのでした。

また、家の南側の落葉広葉樹林を開拓するにあたり、森を切り開いて畑を作ることには、実は罪悪感も覚えていました。持続可能な暮らしを目指す上で、畑を作って家族が食べるものを生み出すことはもちろん大切ですが、畑のために林を開墾することで生物多様性の環境を壊すことになってしまうと思ったのです。なので、森を切り開くにしても、なんとかもともとの森に近い生物多様性や光合成の生産性を実現できないものかと考えていました。

私たちが栽培する作物のほとんどは、穀物はイネ科やマメ科、野菜はアブラナ科やナス科、セリ科などの草本《そうほん》（生物学における草）です。果樹は木本《もくほん》（生物学における木、樹木）ですが、主食になることはありません。そのため、畑環境とはどちらかというと、森の構造よりも草原の構造を意識して、その仕組みを活かした土作りや栽培体系を考える必要があります。

草原は、森林のように高さはないけれど、そこには多様性があり、草丈の高い草や中くらいの草、低い草、根が深い草、中くらいの深さの草、浅い草といったような棲み分けが行われています。つまり、基本的な構造は森と同じ多層構造であり、サイズが違うだけなのです（図P240参照）。畑環境も、同じように立体的な構造を作り、コンパニオンプランツ（P146）のような植物間の相互関係で生物多様性を作ることを考えた作付けを行えば、草原の構造を再現し、生物多様性を確保できると考えました。

一方で、問題なのは生産性です。樹高18m以上ある立体的な構造の樹木と草では、光合成の効率や量が圧倒的に違うのではないかと思ったのです。

様々な文献を調べたところ、『草原の生態』（岩城英夫著／共立出版／1971年）に次のようなデータが出ていました。

◎ **木々の場合**

・冷温帯地方の落葉広葉樹林の純生産は500～1300g／㎡程度。

・マツ、カラマツ、シラビソなどの針葉樹林の純生産量は、最高2400g程度の記録もあるが、大部分は1000〜1500g／㎡程度。
・スギ林の平均は1800g／㎡。

◎**草の場合**

・日本のススキ草原の純生産量は600〜1500g／㎡。
・河原に生えるオギやヨシの群落の純生産量は1500〜2500g／㎡。

※gは純生産量を表したもの。純生産量とは年間に光合成によって生産される有機物の総生産量から呼吸による代謝によって消費される有機物の量を差し引いた量。

このようなデータを見ると、森林の生産力は草原の生産力に比べ、桁違いに大きいというわけではなく、条件によっては森林よりも草原のほうが大きくなる場合もあるということがわかります。ちなみに、草地の生産力の世界最高記録はニュージーランド（西岸海洋性気候、温帯に属する）の草地で、その生産量は3200gにも及ぶそうです。

また、生産性をあらわす指標のひとつとして、「葉面積指数」についても非常に興味深いデータが挙げられていました。葉面積指数は、植物群落の葉量を土地面積1㎡あたりの葉面積総量（㎡）で表したものです。『草原の生態』によると、草原では葉面積指数4～5の場合が多く、日本の水田のイネでは4～7程度、イネ科牧草畑では時に10を越えることもあるそうです。

一方、森林はというと、落葉広葉樹林では葉面積指数3～9、九州の照葉樹林（シイ、タブ林）では5～9、タイの熱帯多雨林では12という値が得られています。条件によっては、草原よりも森林のほうが葉面積指数の値が大きいケースもありますが、それでも大きな差があるわけではありません。むしろ、落葉広葉樹林と草原を比べた場合には、草原のほうが葉面積指数の値が大きくなるというデータもありました。つまり、森林と草原では、土地面積あたりの純生産量も葉面積も大きくは変わりがないということです。

森林と草原の違い／植生遷移

草本と木本の大きな違いは、地上部が冬に枯れるか、枯れないかにあります。一年草は、葉以外の生きている組織が冬になるとすべて枯れ、多年草にしても地下部に株や根、根茎、球根、芋といった形で生き残りますが、地上部は枯れてしまいます。そんな一年草、多年草に比べると、地上部も地下部も年間を通して生きている組織が多い木本は、毎年のエネルギーの蓄積は大きいものの、その分代謝量も多いのが特徴です。実はそのために、総生産量から代謝量を引いた年間純生産量が、森林と草原ではそれほど変わらないのです。

森林と草原の生産性の違いを調べるにあたり、とても重要なことに気付きました。それは、生産性がほぼ同じであっても、森林と草原ではその性質の違いから、土壌への依存度が大きく違うということです。

木本は自分の体に毎年エネルギーや栄養素を蓄積し、それを活かして春にまた芽生えるのに対して、草本（特に一年草）は種という小さな蓄積はあっても、自分の体はすべて枯れてしまいます。そのため、種が発芽し開葉するのにエネルギーと栄養素を使い果たすと、自らの光合成でエネルギーを集め、栄養素は新たに根を張って集めなくてはなりません。
ということから、木や多年草は自分の体にエネルギーを集め蓄えられるのに対し、一年草は自分の体に蓄えられない分、土壌に栄養素を蓄えることに依存しているということに気付いたのです。

我が家の林を開墾して作った畑では、木々たちによって集められ蓄積している栄養素は幹や枝を薪や焚き木として持ち出していました。そのため、そこで作物を栽培しても、育ちが悪いというわけです。

ちなみに、先述の『草原の生態』では植物の物質の再利用についても述べられていて、イネは最終的に茎葉の窒素分の60％を種実に回収し、枯れたワラの中に残って、土壌に還元される窒素の量は、結局のところ40％程度にしかならないそうです。あるいはススキの場合は、茎葉に含まれている窒素分の70％、リン酸の50％、カリウムの20％を地下茎に回収貯蔵し、翌年の春に芽が出る時に再びそれを利用して生長します。

その一方で、落葉樹である12年生のリンゴの木を調べた例では、葉が枯れる際に、葉の中に含まれていた窒素の約3分の2、リン酸とカリウムの約4分の1が幹や枝に回収され、

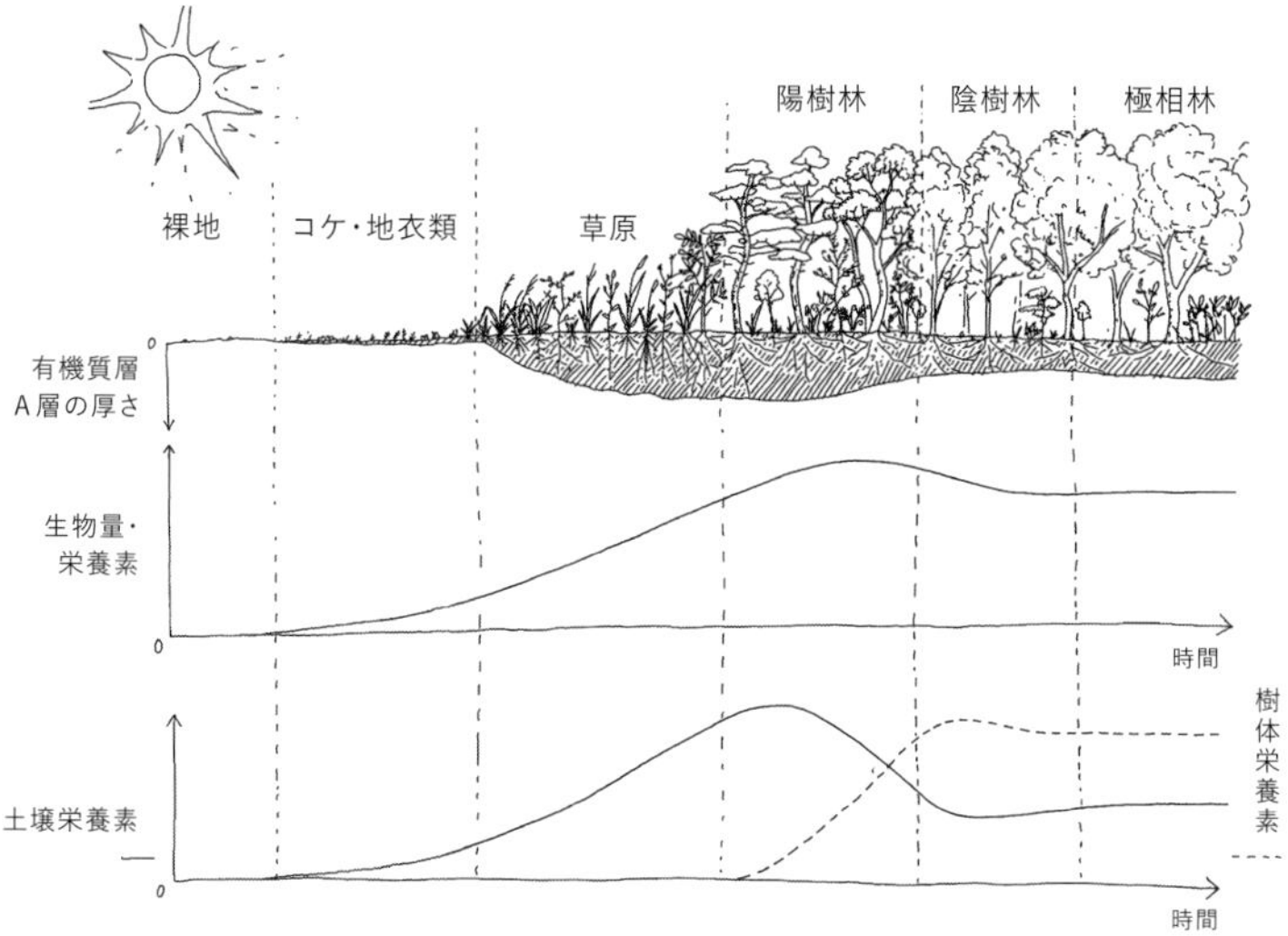

草原ー森林の以降地帯における土壌ー植生の関係 ＊グラフはイメージ

砂漠のような土地にコケのような原始的な植物が生え、それによってでき始めた土壌に草が生え、草原ができる。短命である草は、枯れ草を有機物として土壌に多量に蓄積することで土壌を形成し、集めた栄養素を土壌に蓄えることに依存する。その後、一年草が作った土壌に寿命の長い多年草や木が生えてくると、土壌に蓄積された栄養素はそれらの地下茎や球根、樹体に蓄えられる。土壌から植物体に栄養素が移って蓄えられるため、草原に比べ森林は土壌への栄養素蓄積の依存度が減る。

そこに貯蔵されて、翌年新しい葉が出る際に再び利用されると書かれていました。木本や多年草ではかなりの量の栄養素が、自身に回収、再利用されていることがわかります。つまり、草本と木本の土壌への依存度は、大きく違っていたのです。

さらに、その土壌への依存度の違いから、森林と草原ではどれくらい土を作る働きが違うのかについて調べたところ、学生の頃に買った、生態学で有名なユージン・P・オダムの『基礎

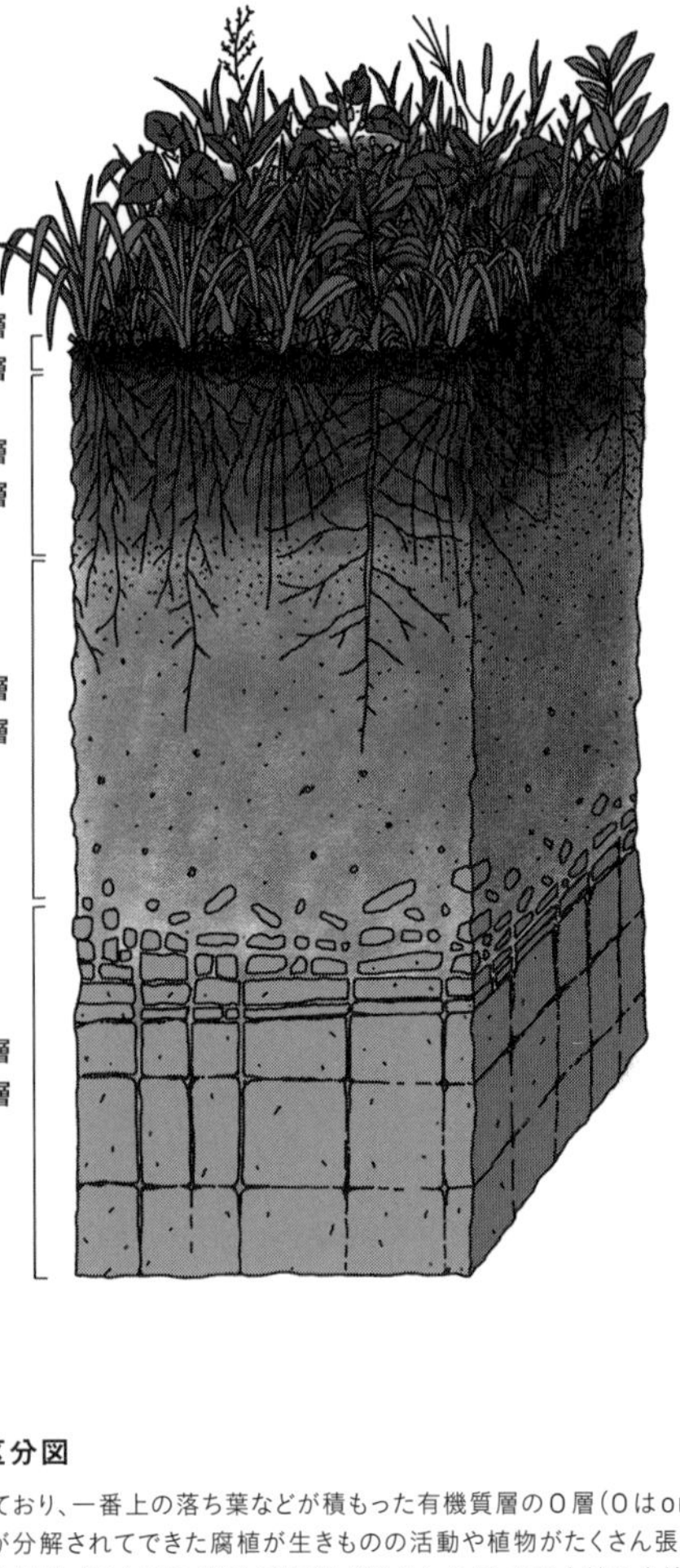

土壌断面の層位区分図

土壌は層構造になっており、一番上の落ち葉などが積もった有機質層のO層（Oはorganicの O）、その下の落ち葉などが分解されてできた腐植が生きものの活動や植物がたくさん張ることよって豊富に土に混ざっているA層、さらに下の腐植の混じりが少ないB層、その土地の土壌の母材層であるC層という構造になっている。草原から森林へと植生遷移が変わるとA層が薄くなっていく。

生態学』（培風館／1991年）に、稲妻が走るような納得感がありつつも、それまで抱いていた固定観念が覆るようなことが述べられていました。

「草地の土壌は森林の土壌とは異なり、腐植化は速く鉱物質化はゆっくりしている。根を含めて草本植物全体は短命で、すぐに分解される多量の有機物質を毎年供給するので、落葉や腐葉は少ないが多量の腐植が残る」

一方、「森林では、落葉や根はゆっくり分解し、鉱物質化は速いので、腐植土壌層は薄い。例えば、草地土壌の平均腐植含有量は、森林の土壌のそれが1haあたり約120トンというのに比べて、1haあたり1500トンである（Daubenmire,1947）」

このように、森林と草原の腐植土層の厚さの違いが、有機物の腐植化の早さと腐植の微生物による鉱物質化の早さの違いによって変化すると説明されています。

植生遷移とは、植生のない状態のところに、長い時間をかけて植生が移り変わっていくことを指す言葉です。例えば、火山の噴火などで新しい大地ができると、溶岩や火山灰のような土地に、急激な乾燥や温度変化、貧栄養の状況でも生えることのできるコケや地衣類などの原始的な植物が生えます。そのことをきっかけに環境形成作用が進み、土のようなものができ、やがて草が生え、土壌を作り、木が生えて森が形成されていく。そうした植生の変化を指しています。

高校、大学では、長い時間をかけて植生が変化していく様を植生遷移と教わり、土壌もその変化と共に作られていくと習いました。その後の大学院では緑化工学を学びましたが、森林になると腐植土層が薄くなるというオダムの考察は想像だにしない発想で、私にとってはまさに目から鱗でした。

植生遷移はこのように進んでいきます（図P69）。まず、砂漠のような裸地にコケが生え、風化と有機物の蓄積が起こり、うっすらと土壌ができ始めると、草が生え一年草の草原となります。そして、旺盛に有機物が作られて、一年草が根を深く下ろし土を耕すことで土壌が厚くなり、やがて多年草が占めていきます。そして、その明るい草原に陽樹（陽光下で発芽し、早く成長する樹木）が生えて森となり、陽樹林の間に陰でも育つ陰樹が生えてきて、それに覆われることで極相林（生物群集の遷移の最終段階で見られる平衡状態の森林）になっていきます。

この移り変わりは地球上のどこでも起こることで、その土地の気温や降水量によって砂漠のままだったり、草原の段階で止まったり、森林へと発達したりと、各気候の条件によって植生遷移の進み具合が違ってきます。

オダムによる考察は、さらに新たな視点をもたらしてくれました。オダムは、有機物の分解や鉱物質化の早さの違いによって腐植土層の厚みが違ってくると述べています。ただし、私は、この腐植土層の草原と森林との厚さの違いについては、微生物や土壌動物、植物の根がもっとも多く存在し、もっとも栄養素を蓄える層である「腐植土層A層」（図P70）の依存度によっても変わるのではないかと、気付いたのです。

木は生きている組織が多いため、その代謝によってエネルギーが消費されるのに対し、草は消費されるエネルギーが少なく、体に長年有機物を蓄積しない分、土壌への有機物の供給量も多くなるはずです。また、腐植土層に蓄えられている栄養素の量は、先ほどあげた栄養素の再利用率の違いによって一年草が多い草原ほど栄養素が再利用されないので、その分多いはずです。

また、多年草は根茎や球根、芋など、木は根や幹や枝の表皮、葉（常緑樹）などにエネルギーや栄養素を蓄える分、土壌に供給される有機物の量は減ります。同時に、多年草や木は土壌に依存しなくてよく、枯れ草や落ち葉として土に有機物を供給することがない分、体の中でエネルギーや栄養の消費が抑えられ、生存の可能性が高まります。

つまり、植生遷移の段階の中でもっとも栄養豊富な土が作られるのは、草原の一年草のステージであり、「草が生えることは同時に土を作ってくれている」という持続可能な仕組みであることがわかりました。

ただし、もしかしたら、腐植土層の厚みの違いは、オダムが述べている鉱物質化の早さが原因ではないかもしれず、単純に有機物として蓄積されるかどうかではないか、というのが私の考察です。これは自然農のように、草を生やして無肥料・不耕起で栽培している農法の原理なのではないかと考えています。

このように、森を開拓して野菜を栽培することに失敗したおかげで、私は大きな学びと新たな発見を得ることができました。生活実験とは、まさにこうした実践と失敗と学びを繰り返す体験なのです。

人類の進化と植生遷移のコントロール

これまでの人類の農耕の1万年以上の歴史では､草である作物が主体となってきました。地球上の様々な人種や部族によって、それぞれの地域の長い歴史の中で様々な植物が選ばれ、様々な農法が生み出され、その品種や技術は生きものが進化の過程で自然淘汰されるように、文化化され生き残ったものだけが受け継がれてきたのだと考えられます。部族によっては果樹などの木を農の主体にしたところもあったかもしれません。

縄文時代は狩猟採集の時代で、クリやドングリなどを採集し炭水化物として利用していたといわれていますが、最近は各地の遺跡の調査が進み、遺跡によってはクリも栽培されていたということがわかっています。7000年前頃からの遺跡に陸稲やエゴマやシソ、大豆や小豆、大麦、ヒエ、そばなどが出土しているほか、使われていた器においても、漆器は9000年前、土器は1万6000年前と世界最古を誇り、日本の農耕や文明の歴史認識は変わろうとしています。

余談ですが、狩猟採集と農耕で食べ物を得る効率を比べると、面積あたりでいえば

1000倍違うといわれています。その農耕の効率の良さが、食べ物の貯蓄量の差や権力を生み出し、人類の悲劇の始まりになったのではないかともいわれています。

人類のそうした進化は、植生遷移のコントロールと実は深い関係があるのではないかと、私は考えています。植生遷移の流れの中で、草原の段階では草が生えることが同時に厚い表土を作ることになり、それを基盤に発達する森と比較しても、土壌を作る働きは大きいことがわかっています。ということは、栽培と同時に土が作られる持続可能な技術として、木を育てて食べ物を得るよりも草を育てて食べ物を得る方法が選抜されたか、あるいは、それを選んだ部族が生き残ったのではないかと考えられます。

耕作放棄地をそのままにしておくと、3年もすれば森になってきます。日本のおおかたの農地は、草原や森だったところを人が開墾して畑にしたところです。つまり、耕作放棄地が森になっていくというのは、植生遷移が人の手によって止められずに進んだ現象と考えられます。

以前住んでいた長野県高遠町の集落のおじさんからこんな話を聞いたことがあります。住んでいた古民家から見える谷の反対側斜面には、棚田や鬱蒼とした森の景色が広がっていましたが、おじさんが子どもの頃はそこはハゲ山だったそうで、野ウサギが登る姿が見えるくらい木や背丈の高い草はなかったそうです。その理由は、草や灌木を刈り取り、田畑にすき込んだり、家畜の餌にしたりしていたからだと聞きました。それはおそらく昭和30年頃のことで、特に中山間地のようなところでは肥料の多くは草木や落ち葉、堆肥、人のし尿、家畜糞、米ぬかなどの自給肥料でまかなわれていて、周辺の森や茅場からありとあらゆる有機物がかき集められていました。

植生遷移の流れだと、高遠町の辺りは草原からアカマツ林、そして落葉広葉樹へと移り変わっていくのですが、落ち葉が大量に持ち出されるとアカマツ林はアカマツ林として維持され、落葉広葉樹林は痩せた土壌を好むアカマツ林に戻ってしまうこともあるそうです。そうやって人の活動によって土が痩せた状態を保つことで、植生遷移がアカマツ林で止まっているがゆえに、菌根菌であるマツタケが高遠町のマツタケ山で維持されていた、ということもいえるのです。

そして、この話とは逆の作用として、私たち家族の実体験を挙げてみたいと思います。

立ち枯れしたアカマツは、冬の暖をとるための貴重な燃料になった。子どもたちが幼い頃から家族総出で運び出す作業を行っていた。

我が家の敷地の隣は広いアカマツ林で幹の直径60㎝、樹高20ｍ以上ある立派なアカマツが生えていたのですが、移住当時から八ヶ岳南麓のあちこちでマツの立ち枯れが起こり始めていました。立ち枯れの原因はマツノマダラカミキリというカミキリを媒介して、マツノザイセンチュウという長さ1㎜くらいのミミズのような生きものがマツの内部に寄生してしまうことだといわれています。水や栄養分を運ぶ導管、師管にセンチュウが繁殖することで通りが悪くなり、枯れてしまうのだそうです。

隣のアカマツ林では、春一番や台風、冬に吹く強い北風の八ヶ岳おろしなどの大風が吹くと、その立ち枯れた大木がよく倒れました。林の小道は昔は隣集落へ続く主な道だったそうで、今でも集落の人たちの散歩道になっているのですが、倒木が道を塞いで通れなくなることがよくあります。管理人との話し合いで、我が家には道幅が狭くても通れる農作業用の運搬車があるので、倒木を片付ける代わりに、薪として利用するために丸太をもらえることになりました。そして、倒木があるたびに家族でアカマツ林に行き、チェーンソーで薪の長さに切り、運搬車に載せて回収して片付けていました。そのようにして5年ほど経った頃、風景に変化が現れ始めました。アカマツが倒れて日が当たるようになった場所のコナラやクヌギ、クリ、ヤマザクラなどが大きく育ち目立つようになってきたのです。そして11年経った現在、アカマツの大木は点々と残っていて、完全ではないものの敷地面積の半分ほどが落葉広葉樹林へと遷移しました。全体的にマツ枯れは落ち着き、以前ほど頻繁に立ち枯れを起こすことはなくなり、健康なアカマツが残った様子です。

森や里山の活用が土壌を守る

この現象は、一体何を意味するのでしょうか。わかりやすい例として野菜の栽培におきかえてみたいと思います。作物を育てる時、我が家では米ぬかボカシや発酵鶏糞、おしっこを薄めたおしっこ液肥を追肥として施すのですが、つい過剰に与えてしまうとアブラムシやアオムシ、ニジュウヤホシテントウ、ナガメ、ハムシなどの虫の食害を受けたり、ウドンコ病が発生したりします。栄養素の中でも特に窒素分が過剰になるとこのような症状が典型的に起こるのですが、それは私たちが暴飲暴食をしていると余剰物が体に余って太ったり、内臓脂肪が蓄積されたりして成人病になるのと同じです。

植物においても過剰な窒素分は作物を徒長（植物の茎や枝が必要以上に伸びること）させ、組織が軟弱になるので細胞が病原菌に感染しやすくなったり、あるいは、植物体内の余剰な硝酸態窒素は植物組織にとっても毒となるので安全なアミノ酸に変換されるのですが、それが害虫をおびき寄せることになったりするのです。

時代が自給肥料から化学肥料の利用へと移り変わり、落ち葉や落ち枝、下草を持ち出されなくなったアカマツ林は、土壌中の微生物やアカマツ自体の物質やエネルギーを表土に集め続ける活動によって土壌が肥えてきました。やがて、アカマツにとって窒素過剰な状態になると野菜と同様に病害虫にかかりやすくなってしまいます。そして共生している菌根菌もいなくなってしまい、それまで菌根菌に守られていた根も病気にかかりやすくなり、菌根菌に助けてもらっていたリン酸の吸収率も下がって抵抗力が落ちてしまいます。そうして弱ったアカマツにマツノマダラカミキリが媒介してマツノザイセンチュウが木の中に侵入すると、抵抗力なく感染が広がってしまったということではないでしょうか。そもそもの原因は、マツノマダラカミキリでも、マツノザイセンチュウでもないというわけです。ちなみに、これまで片付けてきたアカマツの倒木の多くには、キノコのサルノコシカケが生えていたので、もしかしたらサルノコシカケ菌の感染もマツノザイセンチュウの感染を広げる要因のひとつになっているのかもしれません。

アカマツからコナラ、クヌギ、ヤマザクラの林へ……。この変化とはつまり、土壌が豊かになったことによる植生遷移の表れではないか、というのが私の持論です。植生遷移の流れは、光の条件をもとに陽樹林から陰樹林へと移り変わることがわかっています。アカマツもコナラもクヌギもヤマザクラも同じ陽樹ですが、遷移によって土壌の肥沃度があがることで、陽樹林の段階においても樹種の移り変わりが起こることが、長年の暮らしの作業を通してわかったのです。

昨今では全国的にナラ枯れが広がることが問題になっていますが、同様のことがいえると考えています。ナラは、薪炭林として利用されることでその切り株から萌芽し、苗木を新たに植えなくても25年後には薪炭材やシイタケのホダ木を作るのにほどよい太さに育ちます。里山の暮らしの中で萌芽更新を繰り返すことで植生遷移が止められ、コナラ林が維持されていたのですが、現代の暮らしでは森を利用しなくなってしまいました。そのため、コナラは老木となりキクイムシが感染しやすい状態になり、結果としてナラ枯れが起こっているのだと思います。つまり、植生遷移が進んで次の照葉樹林へと移り変わる過程であり、自然な流れなのだと思うのです。

里山の暮らしは、畑も森も植生遷移をコントロールすることでその生産性を保っていたのでしょう。人々が里山本来の暮らしを手放し、アカマツもナラも利活用をしなくなってしまったからこそ、植生遷移が進み、枯れるという現象が起こっているのだと思います。アカマツの立ち枯れやコナラのナラ枯れを止めたいのなら、農薬を撒いても意味がなく、人が里山を積極的に利用することで遷移を止めるということをしないと根本的な問題解決にはなりません。つまり、人の暮らしが里山生態系を維持していたといえるわけで、持続可能な暮らしや社会にはこうした暮らし方を取り戻していくことが必要なのです。

水と土作りが教えてくれた人間本来の役割

母屋から続く斜面下の下層階として家を増築したのは、2011年のことでした。次男・宙《そら》が誕生し、今までの家が手狭に感じたからでした。また、もともとあった母屋のキッチンは狭い上に、窓からの景色が望めずどことなく暗い雰囲気だったため、増築部分に明るいキッチンを作りたいというのも目的のひとつでした。そして、その際に新たに設置したのが、排水を浄化する仕組みであるバイオジオフィルターでした。

バイオジオフィルターとは、自然の仕組みを活かした排水浄化システムで、ろ材表面に生息する微生物によって、排水中の有機物が分解されます。無機化した栄養素はろ材に植えた水辺の植物に吸収浄化されていきます。そうして浄化された水はビオトープの池に注がれて、土地に水場が生まれます。排水には、たくさんの有機物、つまり栄養分が含まれています。それらが、微生物たちの餌や植物の養分として分解、吸収され、水が浄化されていくというのが自然の仕組みを活かしたバイオジオフィルターの役割なのですが、浄化と同時にその場の環境にとっても、大きな役割を果たしてくれるのです。

我が家の傾斜地の土地は、もともと水辺や溜め池なんて存在しないような乾燥地でした。そんな場所に私たちが暮らすようになって、生活排水を活用した水辺ができたことで、生態系が目に見えて豊かになったのです。

広葉樹の森があるにもかかわらず、当初、この辺りは異様に思うほど生きものの姿がありませんでした。でも、バイオジオフィルターを設置して何年か経った頃、様々な種類のヘビを見るようになりました。ヤマカガシ、ジムグリ、ヒバカリ、幻のヘビともいわれる

シロマダラをはじめ、最近ではマムシの姿も見かけるようになりました。

　肉食生物であるヘビは、生態系ピラミッドの頂点に君臨しています。そんなヘビが生息できる環境には、それだけ豊富な餌《じ》生物がいるということです。水辺ができると、例えば、トンボやアメンボ、マツモムシなどの水生昆虫、カエルなど、水を介さなくても移動できる生きものが自然と移入してきます。そして、それらを捕食する鳥やヘビ、トカゲなど新たな種がもたらされることで植物相（そのエリアの植物の種類組成）も豊かになり、環境そのものが豊かになっていきます。

　つまり、ヘビの登場は、私たちの暮らしに

右／ビオトープに訪れるようになったカエル。
左／バイオジオフィルターで栽培、収穫したクウシンサイ。排水中の有機物が栄養素になる。

コンポストトイレで家族のおしっこを溜め、堆肥場に注ぐ。おしっこは、「おしっこ堆肥」として、水で薄めたものを畑に散布することも多い。

よって生物相（そのエリアの生物の種類組成）がそれだけ豊かになったという事実を知ることのできた、とても喜ばしい出来事でした。人が暮らすことで、その場の環境が豊かになっていく。それを生活実験の中で気付くことができたきっかけのひとつが、バイオジオフィルターだったのです。

　もうひとつ大きなきっかけは、やはり、持続可能な暮らしに欠かせない土作りでした。堆肥小屋には、家族の排泄物や生ゴミ、家畜の糞尿など、生活の中で出るあらゆる有機物が集まります。それらを大量の落ち葉とともに堆肥化し、畑に撒くことで、豊かな土壌が生み出されていきます（P132下写真参照）。土の中には多くの微生物が棲んでいます。このように、暮らすことがすなわち、土を作ることとイコールになれば、それだけで生きものを増やすというアクションになります。そうやってできた生きものの塊である土のおかげで畑の環境が豊かになり、多くの植物を育むことにもなり、多様性のある農園には、植物のみならず、様々な生きものが集い、いのちを育むようになっていきます。

『パーマカルチャー　農的暮らしの永久デザイン』の序文には、「パーマカルチャーというのは、人間にとっての恒久的持続可能な環境を作り出すためのデザイン体系のことである」と書かれています。私自身も当初は、環境技術や適正技術をうまく組み合わせて循環の仕組みを作るのがパーマカルチャーだと思っていました。でも、バイオジオフィルターと土作りでの気付きを通して、パーマカルチャーとは人間本位のものではなく、人が暮らすことによって生きものが増え、環境が良くなっていく仕組みをデザインし実践することではないかと、私は強く実感したのです。

例えば、棚田や里山の再生運動などは、景観を蘇らせたり維持したりすることを目的として発起されているケースが多く見受けられます。具体的な作業としては下草刈りなどがそれに当たりますが、そもそも里山や棚田の景色は、人が生きるために自然と育まれたものでした。家畜の飼料や畑の肥料として草を利用するために草刈りをし、お米を得るために田んぼで稲を育てていた結果として、里山や棚田の美しい景色が作られていたのです。

景観を作ったり維持したりするために、草刈りがされていたわけではもちろんありませんでした。

社会における持続可能性の仕組み作りというのは、そこに住んでいる人がただ生活するだけで環境が良くなるような仕組みをデザインすることこそが究極的な姿だと私は考えています。草木が生えることが土を作ることになるように、自然界は、すべての生きものたちが生きることで環境を豊かにしたり維持したりするようにできているのです。社会インフラも、本来そのように整えるべきだと思います。そうすれば、国民性や文化、環境意識の差を問わず、地球上の誰もが環境保全に自ずと関わっていけるようになります。生活するだけで環境が豊かになっていく。そんな暮らしが実現できたとしたら、地球にとっての人間の存在を肯定できるようになるはずです。そんな人間本来の役割を、バイオジオフィルターと土作りが教えてくれました。

この気付きをきっかけに、ようやく本当の持続可能な暮らしや地球における人間の存在意義、パーマカルチャーの意味が理解できたと実感し、パーマカルチャーデザイナーという自分の職業にも自信を持てるようにもなったのです。

竹林開墾からの気付き／竹の活用法

現在、我が家の農園は、森を開墾した家の南側ではなく、北側の土地に広がっています。とはいえ、南側の土地の畑が手狭になってしまってからすぐに北側の農園へと移行したわけではありません。この農園が今のような姿になるまでには、血の滲むような努力と試行錯誤がありました。なぜならもともとは、鬱蒼とした竹林が北側の土地の全面を覆っていたからです。

竹林は別の方の土地でしたが、長年放置状態になっていて、隣接する我が家の敷地近くまで迫ってきていました。マダケの生命力はすさまじく、適切な管理をしないとものすごい勢いで増えていきます。あとから知ったのですが、この竹林も約50年前、タケノコを食べたいと考えた近所の人が数本植えただけのものだったそうです。この辺りは寒冷地で竹林がなかったエリアということもあり、町内でももっとも大きな竹林になってしまいました。

最初は、迫り来る竹をどうすればいいかと考えていただけで、農園にするイメージはまったく持っていませんでした。そんな折にヤギを飼い始め、餌をどうするか考えた時に、竹の葉を与えることにしたのです。夏場は雑草や野菜屑など、餌が豊富にありますが、寒冷地の冬場は食べるものがほとんどありません。そのため、常緑性の竹は、冬場の餌として重用するのです。残った竹稈《ちくかん》（竹の幹にあたる部分）や枝の部分は、薪ボイラーの燃料になります。

そんな形で竹を利用させてもらうようになり、土地の所有者との話し合いで、竹林の土地を丸ごと借りることになりました。広さは3000㎡ほど。その全域を人が入っていけないほど茂った暗い竹林が覆っていました。

ヤギの餌と薪の燃料を確保するために最初は少しずつ竹林を切り開いていたのですが、そのうちにここで農園をやろうと考えるようになりました。当時は、いくつかの農地を借りていて、家から農地まで1㎞もないとはいえ、毎日の移動や畑の管理がなかなか大変でした。労力と資源が分散していたので、家の目の前、一ヶ所に集中させることができれば、それに越したことはないと畑作りに挑戦することにしたのです。

妻の千里からは大反対されました。そんなのできっこない、そんなことに労力を費やすのならもっとほかのことをがんばってほしい、と。あの鬱蒼とした竹林を見れば、そう思うのも致し方なかったと思いますが、コツコツとできることから始めることにしました。

竹を一本一本切り倒し、運び出す作業は労力を必要としますが、心理的負担はそんなにありませんでした。竹の葉はヤギの餌になり、竹稈は燃料になるので、暮らしの中で日々消費することもできていたからです。問題なのは、竹の根っこの部分でした。竹は、地下茎によって成長する植物で、地上部を切っただけでは成長の勢いは止めることができません。竹を切った後の土地をそのままにしておくとまた竹が生えてきてしまいますし、網の目のように張った竹の根は、ジャガイモや根菜類などの栽培を阻害してしまいます。そのため、根っこを切り、さらにその根っこを掘り起こすことが必要なのですが、かなり根気のいる作業であるばかりか、取り除いた根っこが山のように積もっていき、その処理に頭を悩ませていたのです。竹の根には

温室の中に竹チップの堆肥場を設置。枠も竹を使って自作した。発酵熱によって温室が暖められ、冬場の野菜、春先の苗を守ってくれる役割も。

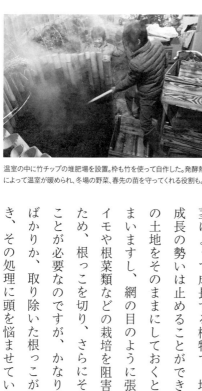

土が付いているため、燃料には適しませんし、硬いので当然ヤギも食べてくれません。竹稈は、燃料以外にも粉砕機で細かくして竹チップにして畑に撒いたり、きのこを栽培するための菌床として使ったり、暮らしの中で活かせるようあらゆる工夫をしてきましたが、竹の根についてはなかなか活かせる術が見つからなかったのです。

竹林を切り開くのと同時に畑作りも手掛けていきました。開墾したあとの土地には、土壌改良のために堆肥小屋の完熟堆肥や牡蠣殻石灰を撒き、窒素分やリン酸分として発酵鶏糞、カリウム分として薪ボイラーの竹灰などで土作りした上で、少しずつ種を蒔き、野菜を植えていきました。竹がこんなにも勢いよく育つ土地だから、最初は土の状態もいいのだろうと予想していました。でも、いざ畑として活用しようとすると、まるで作物が育ちませんでした。野菜はもちろんのこと、雑草すら勢いがないほどで、土の状態が悪いことはもはや一目瞭然でした。

日本のパーマカルチャーの可能性

聞いた話では、竹林になる前、この農地は桑畑だったそうです。桑の葉は、お蚕さんの餌になります。そのため枝葉が大量に刈り取られて持ち出されるのですが、そうすると畑から必然的に養分が奪われていきます。しかも桑の木はとても丈夫な木なので、剪定してもすぐに生えてきます。そして成長して葉を付けると、またしても人の手によって刈り取られていく。そのため、昔から桑畑の跡地は痩せ地であるといわれます。この土地でも、まさにその状態が起こっており、生命力の強い竹が土壌中のなけなしの栄養素を吸収しきって、枝葉や地下茎に蓄えながら勢力を伸ばしたということだったのでしょう。

土壌改良をするために、あらゆることを試しました。生ゴミと家族や動物たちの排泄物を落ち葉に混ぜ込んで発酵させた完熟堆肥を撒いたり、おしっこを雨水で薄めたものを速効性のある液肥として使ったり、落ち葉を掻き集めて作った腐葉土を入れたり……。年々、土はフカフカになり団粒構造も発達し、一時的には作物も育つものの、思ったような肥えたいい土にはなかなかなっていきませんでした。そんな試行錯誤をする中で辿り着いたのが、もてあました竹の根を使った方法だったのです。

その方法は、『NATIONAL GEOGRAPHIC』（日経ナショナル ジオグラフィック／2008年9月号）の土壌特集での掲載記事を思い出し、ヒントを得たものでした。アマゾンに息づく黒い土「テラ・プレタ」の謎に迫った取材記事には、土壌回復にまつわる非常に興味深い事柄が書かれていたのです。

熱帯雨林は表土が薄く、赤茶けた大地は生産性がかなり低いです。しかしそんな場所で、「テラ・プレタ・ド・インディオ（インディオの黒い土）」と呼ばれる肥沃な土の層が見つかりました。地表から2m近くまで達するテラ・プレタはリン酸、カルシウム、亜鉛、マンガンなどのミネラルが豊富で、とりわけ特徴的だったのが炭の含有量がとても多いということでした。かつて人々が暮らした集落跡でのみ存在が確認されたテラ・プレタには、土器などが含まれており、コロンブスの米大陸到達（1492年）以前の人間が作った土ということがわかりました。そして、熱帯の多くの土と違い、何百年も強烈な日差しと豪雨にさらされながらも、その養分を失っておらず、いつまでも作物が栽培できることがわかったのです。

昔のアマゾンの人々がこの土を作った目的と方法は未解明のようでしたが、きっと痩せた土地でなんとか豊かな収穫を得るために、当時の人々が生み出した農耕の智恵なのでしょう。テラ・プレタには植物や生ゴミを低温で燃やして作った炭が多く含まれていて、一度地中に埋めれば、かなりの長期間、養分が流れることなく、作物が栽培できるようになるようでした。実際のところ、熱帯では、農業に土を利用すると、養分とともに微生物の数が極端に減ってしまいますが、炭を混ぜることで微生物の減少を抑えられるという効果についても記事では書かれていました。

50年放置された竹林内には、倒れた竹が無数にある。立ち枯れた竹を消し炭にする作業。農園だけでは使いきれないので、穀物畑にも撒く。

自然界では、自然発火による山火事が起こることで、植生遷移が若返ったり、促されたりします。山火事によって眠っていた菌が目覚めたり、ある植物が発芽したり、山火事は自然界におけるリセットとスイッチの役割を持っているのです。大森林ができて、山火事が発生して炭ができ、また次の土ができて、次の森林が作られていく。そういう自然のサイクルの中で、炭はやはり重要な役割を果たしているのだと思います。

記事を読んで、大学院時代の後輩の研究のことを思い出しました。彼女は、植物根に共生し、土中のリン酸や水分を植物に供給する共生菌である菌根菌の研究をしていました。その時に、炭を用いて菌根菌の共生について調べていたのですが、炭を土壌に混ぜたものと混ぜないものでは、菌根菌の繁殖具合が変わり植物の生育が大きく異なるというデータが出たそうです。

この写真に写る敷地すべてがかつては竹林に覆われていた。左奥に見える竹林をさらにもう少し開墾して、果樹園にする計画だ。

炭は、無数の微細な穴を有する多孔質の構造をしていますが、菌根菌はその穴に宿ります。そんな話を覚えていたこともあり、これはやってみるしかないと思いました。炭を土壌改良材として使えば、竹林跡地の痩せた土もよくなるのではないか、と思ったのです。

とはいえ、畑の全面に撒けるだけの炭を用意するとなると、相当な量が必要です。農業用の炭は安くはなく、たとえ屑炭であってもかなりの金額を要することがわかりました。

どうしようかなと思った時に、そういえば燃料に使えない竹の根っこがあるから、それを消し炭にして使おうと思い至ったのです。

大量の竹の根っこを燃やし、熾火《おきび》になったところで水をかけて火を消して作るのが消し炭です。それを土壌改良剤として惜しみなく農園に撒くようにしたところ、目に見えて作物の育ちが良くなりました。そうして、竹林を切り開き、開墾しては竹を炭という形で土に還していくことで、土の状態は年々と良くなっていきました。最初に竹林を切り開いたのが２０１４年。今や、多種多様な作物やハーブ、花、果樹が枝を伸ばし、虫や鳥、カエルなどの住処にもなっている息吹が溢れるこの農園を見て、もともと竹林だったとは誰もが信じがたいくらいの姿になっているはずです。

日本の風土に合ったパーマカルチャーを模索し、試行錯誤してきましたが、竹林と暮らしが完全に一体化したことで、日本のパーマカルチャーとしてひとつの形が確立できたように思います。竹林を開墾し、燃料として、家畜の餌として、土壌改良材として、暮らしの中で竹を消費しながら、開墾した跡地を畑にし、作物を育てていく。その作物を私たち人間や動物たちが食べ、その排泄物が堆肥となって、畑の土へと還っていく。堆肥小屋やバイオジオフィルターなど循環する上で必要なことを実践していましたが、すべてのことがひとつのサイクルとして繋がっていく手応えを感じることができたのは、竹林を開墾したおかげでした。

温室効果ガスを削減する農業へ

産業革命以降の陸地面積の50%近い生態系の破壊は、５５０Gt（炭素量）もの生物量の減少をまねき、それに酸素が結合すると二酸化炭素量は１８１０Gtになり、現在の世界の年間総排出量33Gt（３３０億ｔ）の55倍にもなります。むしろこれが地球温暖化の最大の原因ではないのだろうかと考えられます。

ＣＯＰ21（国連気候変動枠組条約第21回締約国会議）においてフランス政府が提唱した「4《フォー》パーミル・イニシアチブ」という考え方があります。世界中の農耕地土壌の深さ30〜

40㎝に、有機物などで蓄積される炭素を0.4％（4‰〈パーミル〉）増やすことで、人間活動によって排出される二酸化炭素量を相殺できるというものです。山梨県でも2020年に、国内の地方自治体として初めて取り組みが行われました。

私が竹の根を消し炭にし、土壌改良材として利用し始めた当時、温暖化を抑えるには焼け石に水だなと感覚的に思い込んでいたのですが、その後、フランス政府の数字的な提案にハッとさせられました。可燃性ガスの抜けた炭は、土壌に混ぜ微生物を増やす土壌改良材として利用すれば、二度と大気中に戻ることはなく土壌に炭素を固定することができるのです。ちなみに我が家では、表層の土壌の10％を限度に、竹炭をすき込んでいます。そのため、「4パーミル・イニシアチブ」が掲げる目安の20倍以上の炭素を農園に固定していることになります。日本のパーマカルチャーを追求し、持続可能な農の形を模索した結果、温室効果ガス削減へと繋がる炭素固定にも貢献できることになったのです。

植物は、光合成により大気中から吸収した二酸化炭素を、炭素の形で貯蔵します。これを「炭素固定」といいますが、温室効果ガスの急激な増加は、化石燃料利用等による人為起源のCO_2発生だけでなく、炭素固定をしてくれる植物が自然破壊によって激減した

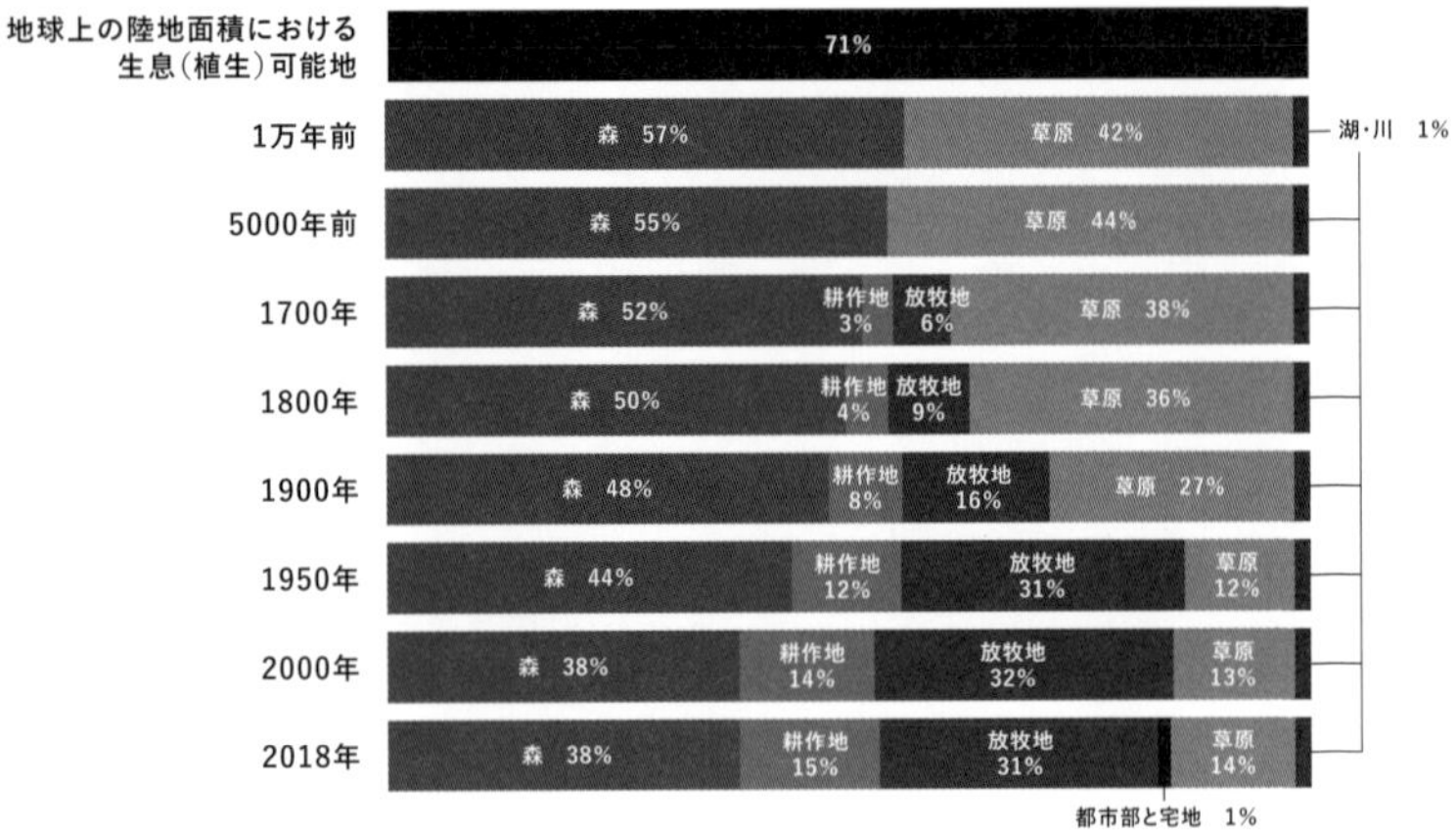

The world has lost one-third of its forest, but an end of deforestation is possible – Our World in Data
＊農林水産省フードコミュニケーションプロジェクト「食から始めるサステナビリティ」（河口眞理子）資料を参考に作図

陸地面積の割合と変遷

ことも大きな原因だと考えられます。

　そもそも、陸地面積において植生が発達可能な面積は、71％を占めています（上図）。1万年前まではその57％は森林、42％が草原や灌木地帯、1％が淡水域であり、草原も炭素の固定の多くを担っていました。しかし現代では、森林は38％（33％減少）、草原は14％（67％減少）、その代わりに農耕地は46％、都市が1％という具合に特に産業革命以降増加しています。

　そのように大きく減ってしまった草原ですが、実は本来、農地は草原と同じくらいの炭素量や窒素量を保持するポテンシャルを持っています。

現代の慣行農法では、土壌の劣化を補うために足りなくなる栄養分を化学肥料で賄い、土壌生態系の貧弱さから発生する病害虫や病原菌を農薬で抑える方法が主にとられているため、土壌生物が増えることがなく、炭素固定が難しいのが現状です。過度な機械による耕耘や化学肥料、農薬による土壌の酸化などにより、微生物をはじめとする土壌生物の量が減ってしまった結果、生きものや有機物としてもともと蓄積されていた炭素が、大気中へ放出されてしまった状態なのです。

一方、農薬を使わない持続可能な農業なら、堆肥をベースとして施し足りない成分を肥料で補う方法で施肥管理したり、裏作や混植に緑肥を栽培したり、自然農のように不耕起草生栽培したり……。竹炭をすき込むこと以外にも炭素固定を促す方法はいくつもあり、適切な土壌管理をすることで、土壌の生物量が増え、草原並みの炭素固定が可能になります。つまり、持続可能な農業を実現すれば、農地は草原とほぼ同じような機能を果たすことができ、草原が減ってしまった分を、農地によって補うことができるようになるのです。

森林と草原と農地の炭素量と窒素量の違いを表すグラフ（図P102）を見ると、慣行

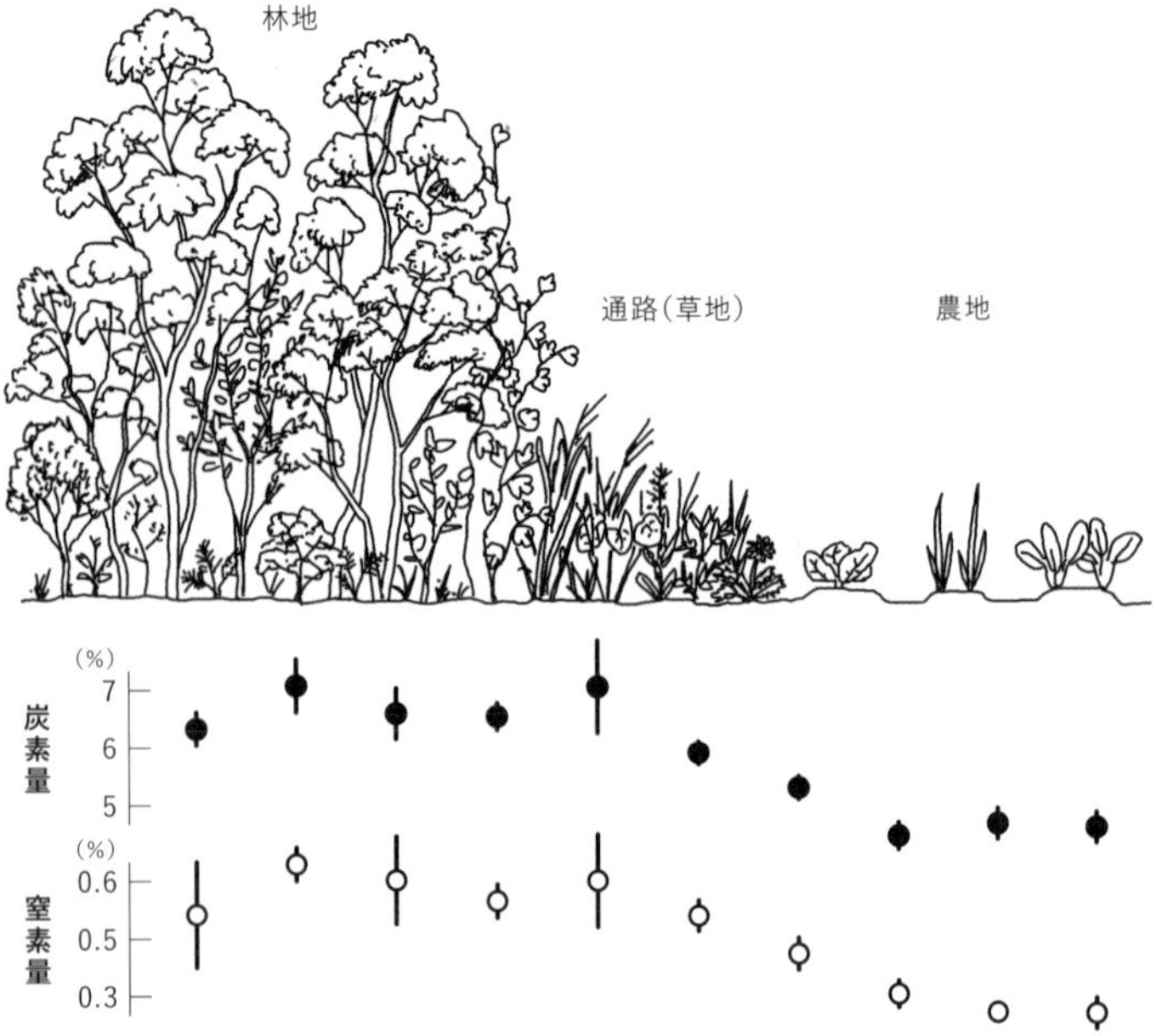

林地、草地、農地の炭素量と窒素量のグラフ

*『学校園の栽培便利帳』(農山漁村文化協会)を参考に作図

農業の農地は草原に劣る有機物量と養分量になっているのが分かります。農地に草原同様の土壌機能を持たせれば、炭素の固定も肥料を減らすこともできるのです。

竹炭を活用する方法が功を奏したことで、日本のパーマカルチャーの形をひとつ実現させることができたという手応えを私は得ることができました。さらにそれがバイオマスを豊かにすると知ったおかげで、パーマカルチャーで重視されている「機能の多重性」が意識的にも深まりました。

人が暮らしていくためには食べ物が必要です。その食べ物を得るためには作物を育てなくてはなりませんし、作物を育てるには土を作らなければなりません。つまり、植物と同じように、暮らすことが土を作ることになることこそ究極の持続可能性であり、人類の役割だと私は考えています。そして、その土を作るという行為は、排泄物やゴミを循環させ、土壌ができることで生物多様性を作り、そして、炭素固定にも貢献するという機能をも果たし、機能の多重性を実現します。

持続可能な暮らしや社会インフラを目指すには、まず土を作るというアクションが自ずと暮らしや社会に連動するような形を目指せばいいのではないか、と私は考えています。

理《ことわり》によって生み出される

本当の豊かさとは何か？　これは、私が幼少の頃から抱き続けてきた疑問でした。北九州市郊外の高台に広がる新興住宅地に両親が建てた家は、広い森が開発された場所で、住宅地の端に立つ実家の周りは、豊かな自然環境に恵まれていました。共働きの両親は日々忙しなく働きながらも、生まれ育ちが漁村や農村だったからか、生ゴミで堆肥を作り果樹や花を育てたり、ハチを飼ったり、雨水を利用したりと、当時からフォレストガーデンのような農的暮らしを実践し、今の私の暮らしに通じる種を蒔いてくれました。

住宅地周辺にある広大な森や池、川などが毎日の遊びのフィールドで、自然の中で遊ぶことには長けていた私ですが、とにかく勉強が大嫌いでした。そんな私を見かねて、親は「勉強しろ」と言いますが、その理由がわからず納得がいきませんでした。そして、自分なりになんのために勉強をするのかを突き詰めて出た答えが、「本当の豊かさを得るために学ぶのではないか」ということだったのです。

幼少の頃から求めていたこの疑問に対する解答は、八ヶ岳南麓に移住した当時は、漠然としかイメージできていませんでした。パーマカルチャーとの出会いも、本当の豊かさを求めた結果であることは間違いないでしょう。でも、パーマカルチャーの深い実践をしないと、その〝豊かさ〟には辿り着けないように感じました。

そんな私でしたが、八ヶ岳南麓で家族との生活実験を進めていくことで、だんだんとその答えが、実感として理解できるようになっていきました。本当の豊かさとは、物やお金、人脈や地位といった、物の量や存在ではなく、それらを永続的に生み出してくれる「仕組み」や、それによって生み出される「力」と感じられるもののことではないか、と思うようになったのです。生活実験の中で気付いたその力のことを、後に私は、理《ことわり》によって生み出される力であるとして「理力《りりょく》」と呼ぶようになりました。

そして、本当の豊かさを追求することは、結局のところ「いのちとは何か？」を追求することと同義でもありました。家族の持続可能な暮らしそのものがひとつのいのちとして育つように、森や竹林の開墾と畑作り、コンポストトイレ、堆肥小屋の堆肥作り、バイオジオフィルター、温室、養蜂……と、生きていくために必要とすることを枝葉をつけるように実践し、生活実験していきました。そんな暮らしの先に、本当の豊かさのみならず、いのちの仕組み、地球における人間の存在意義についての答えも、発見することができたのです。その答えについては、最後の章で詳しく語っていきたいと思います。

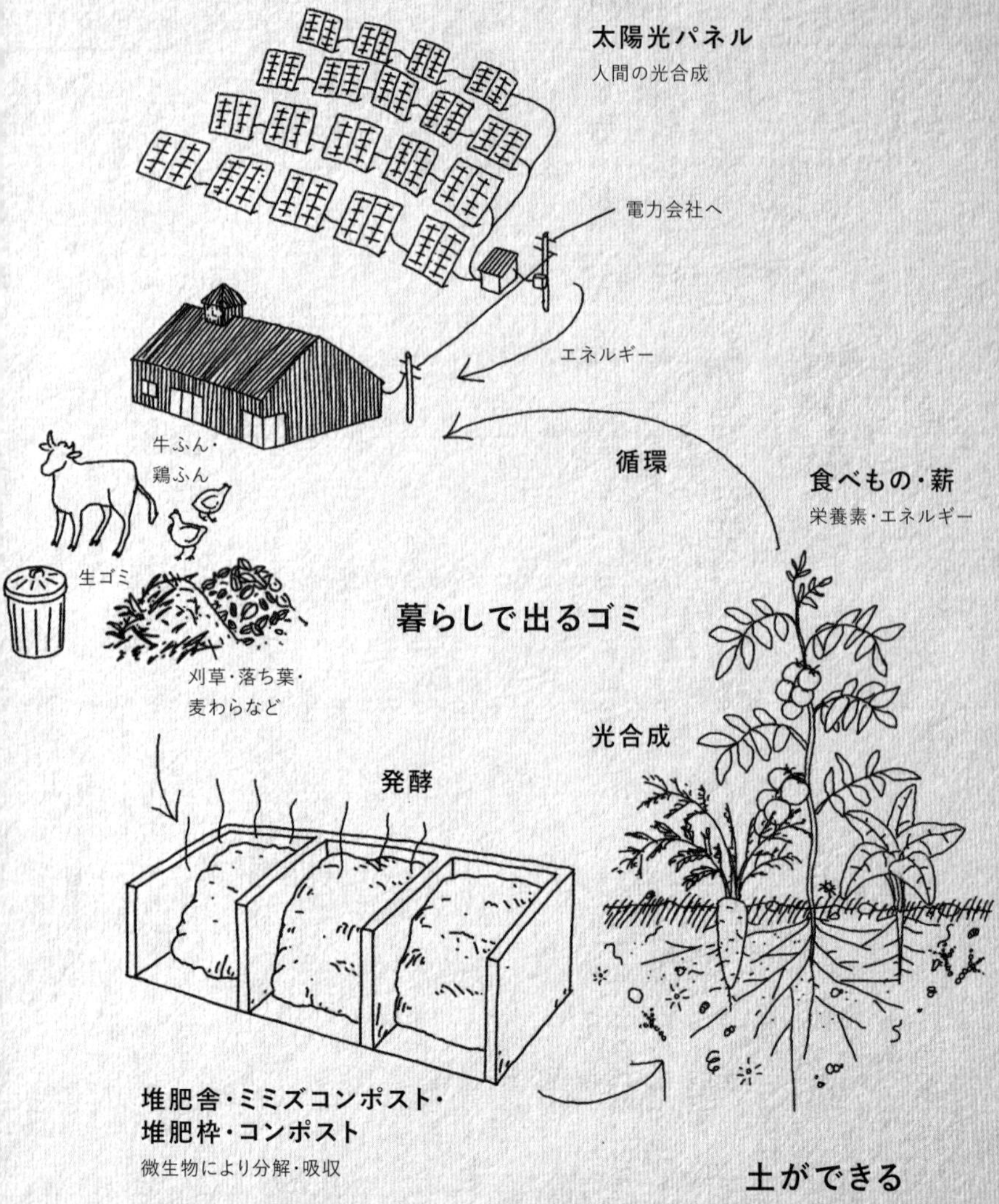
太陽光パネル
人間の光合成
電力会社へ
エネルギー
牛ふん・
鶏ふん
循環
食べもの・薪
栄養素・エネルギー
生ゴミ
暮らしで出るゴミ
刈草・落ち葉・
麦わらなど
光合成
発酵
堆肥舎・ミミズコンポスト・
堆肥枠・コンポスト
微生物により分解・吸収
土ができる

暮らしの循環図

暮らしのアウトプットである有機的な廃棄物は、固形として捨てるものと水に流して捨てるものがあります。よって、循環させるには「土を作る」循環と「水をめぐらす」循環の2系統が必要で、どちらも生きものを介して循環するようにします。トイレをコンポストトイレにすれば土を作る循環になり水を節約できます。
＊クルックフィールズ(P111)での仕事で描いたイメージ図より

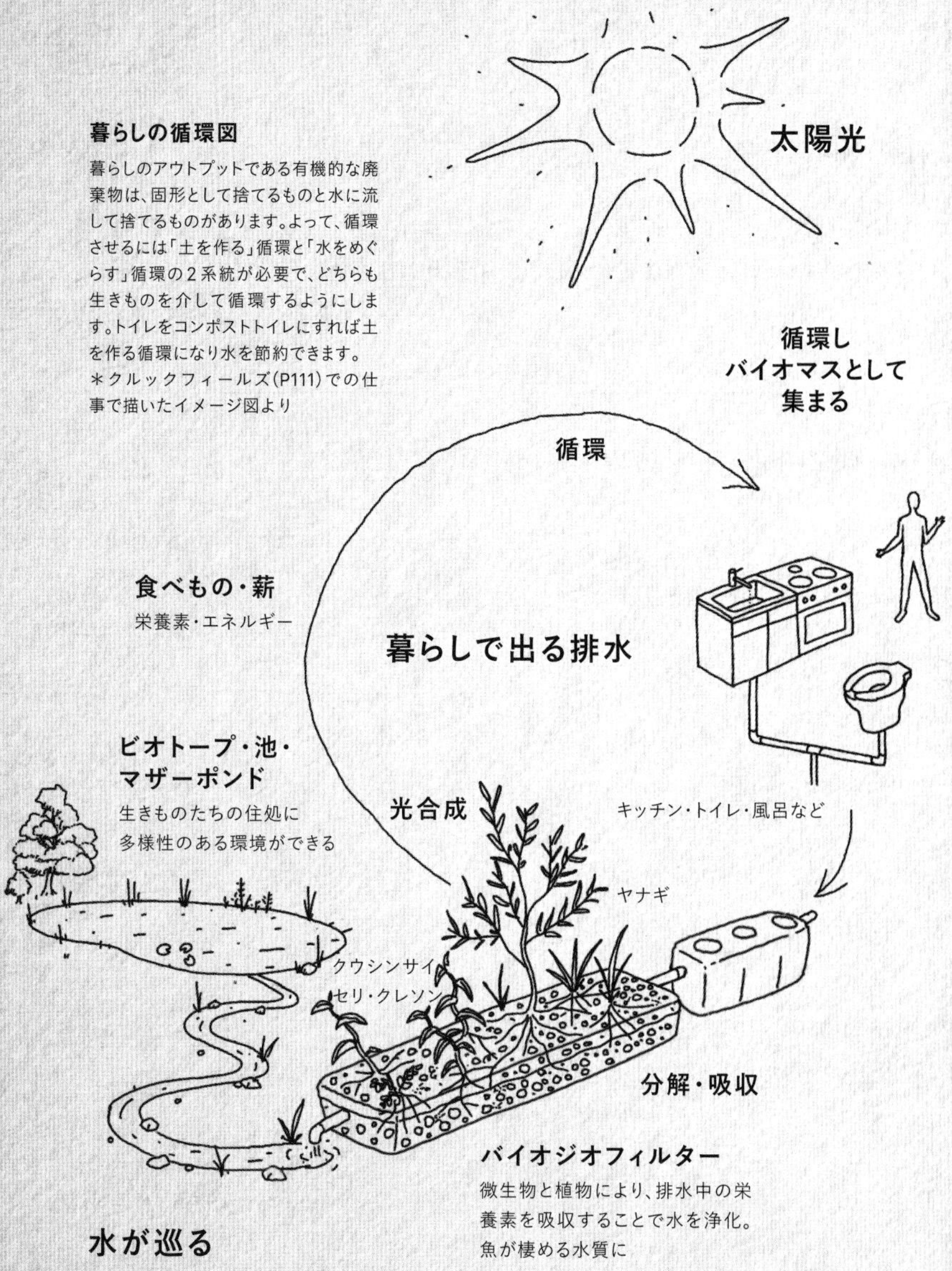

縁が繋いでくれる現場

これまでの主な仕事事例

パーマカルチャー関連の様々なワークショップや講座に携わるうちに、いろいろな仕事の話をいただくようになりました。ひとつの仕事、ひとつの現場から、新しい出会いやご縁が広がって、私自身の仕事の幅もさらに広がっていきました。これまでに関わらせていただいた仕事の中でも、大きなきっかけとなった事例をご紹介します。

2005年国際博覧会（愛知万博）

愛知県長久手市（2004～2005年）

「地球市民村」内に持続可能な生活を実感してもらうための飲食施設として作られた、「ナチュラルフードカフェ＆オーガニックガーデン」のパーマカルチャーデザイン、施工指導、維持管理を担当しました。当時としては珍しい有機食材を使ったレストランで3～9月の会期中に250万人の方々が利用、食を通して持続可能な暮らしの様々な工夫や在り方を体験してもらいました。生ゴミや排水は、併設されているオーガニックガーデン（パーマカルチャーガーデン）のミミズコンポストやバイオジオフィルター、巨大な木樽の雨水タンクなどで堆肥化、下水処理、雨水利用することで野菜やハーブ、ベリー類、小麦、稲を栽培。毎月のワークショップで、全国からの参加者と共にガーデンで循環する仕組み作りを実現しました。会期中、パーマカルチャーの創始者の1人であるデビッド・ホルムグレンと奥さんのスーさんも来場され、いろいろと意見交換することができました。

PICA《ピカ》山中湖ヴィレッジ

山梨県南都留郡山中湖村（2007年）

富士急行株式会社の子会社である株式会社PICAの経営陣の方々が環境活動に関心を持ってくださっていた中で、「ナチュラルフードカフェ＆オーガニックガーデン」を山中湖へ移築できないかという依頼から始まり、実現した施設です。移築は現実的でなかったので、山中湖の土地に合わせてパーマカルチャーデザインしました。山中湖畔の森の中に畑を中心にコテージやレストランを建て、そこから出る生ゴミや排水の循環が愛知万博同様に実現。レストランや宿泊で人が利用してくれるほど場が豊かになるようデザインしました。建物の設計はパーマカルチャーセンタージャパンの講師仲間である、ビオフォルム環境デザイン室の山田貴宏さんにお願いしました。環境意識が社会的に現在ほど高くなかった当時としては、かなり先を行った提案の施設でした。

長崎県五島市
田園ミュージアム構想

長崎県五島列島（2007～2010年）

BeGood Cafeの一般参加ワークショップに参加してくださった浜口孝さんのお誘いで、長崎県五島の半泊《はんとまり》という限界集落に3年間毎月通って、パーマカルチャーによる限界集落の再生を進めました。「限界集落」という言葉を提唱された高知大学名誉教授の大野晃先生と活動をご一緒させてもらったプロジェクトです。半泊湾にある半泊教会を中心とした隠れキリシタンの集落で、もとは30世帯200人くらいの住民がいたのが3世帯6人にまで減ってしまったそうです。湾の魚介類などの漁獲量や種類が人口が減少するごとに減っていったという住民のおじいさん、おばあさんの話から、人を含めた生態系があることを確信した気付きのある現場でした。

モリウミアス

宮城県石巻市雄勝町（2014年〜）

東日本大震災の津波被害で町の70％が流されてしまった雄勝町《おがつまち》で、震災直後から炊き出し活動を行っていた立花貴さんと油井元太郎さん。食の提供だけでなく教育の提供もする中で、高台に建ち津波から逃れた築90年の木造校舎を譲り受け、自然と共に生きる暮らしを体験する施設を創り上げました。建築家の隈研吾さんの基本設計と私のパーマカルチャーデザインで、この施設はグッドデザイン賞を受賞しました。子どもたちが森と畑と海の生活体験を通して自然と向き合い、多くのことを学びます。現在、津波被災地を循環型のワイナリーにするプロジェクトが進んでいます。

クルックフィールズ

千葉県木更津市（2014年〜）

©クルックフィールズ

音楽プロデューサーの小林武史さんとMr.Childrenの櫻井和寿さん、音楽家の坂本龍一さんの3人で2003年に立ち上げた「ap bank」。サステナブルな活動をしている人への融資や復興支援活動などを目的としたその活動の先で実現された、農と食とアートが融合したサステナブルな農場施設です。建築家の中村好文さんのお誘いで関わらせていただき、小林さんと喧々諤々の議論を交わしながらパーマカルチャーデザインし、電気も生ゴミも家畜糞も排水もすべて循環する、オフグリッドの施設を実現しました。ヤナギの木を活用した全長130 mの「ヤナギバイオジオフィルター」は新たな試みで、おそらく世界初。その他、石積み段々畑や水の循環、土の循環など、施設全体で地球における人類の存在意義を表現しています。

PERMACULTURE LIFE DESIGN

第3章

持続可能な暮らしの仕組み【実践編】

CHAPTER 3

土を作る

我が家では、堆肥小屋を「いのちの泉」と呼び、そこに土の神様がいると考えています。起床したら、まず堆肥小屋に来て、こんもりと積み上げた堆肥におしっこをし、土の神様に向かってパンパンと手を合わせるのが、私の毎朝の日課です。

家族のおしっこやうんち、生ゴミ、ヤギや鶏の糞、掃き掃除で集まった落ち葉、野菜の残渣、木工で出るおが屑など、日々の暮らしで出るゴミに加え、縁側の下で死んでいたタヌキ、窓にぶつかって死んだ小鳥など……いずれも、かつては生きものの身体だったものたちが堆肥の中の微生物やミミズなどに食べられることで、堆肥となり、畑の土へと還元されていきます。いのちが新たないのちへと生まれ変わる場所、だから「いのちの泉」なのです。

いつか自分が死んだ時は、灰になるのではなく、いのちの泉である堆肥小屋にそのまま埋葬（堆肥葬）してほしい。今の日本の法律上、叶わない夢ですが、冗談ではなく本心からそう願っています。生きることで栄養素やエネルギーを集め、遺体は土に還ることで土を作る。そうして、いのちが巡ることで地球の仕組みを動かしていることになるからです。

家族の一員としてともに暮らしたヤギのキューちゃん、愛猫のケヤキも命が尽きた時、堆肥小屋に埋葬しました。埋葬した場所にウジがわき、それを鶏が食べ、微生物が分解し、ゆっくりとキューちゃんもケヤキもウジやニワトリ、微生物などの新たないのちとなり、土に還っていきました。家族全員が大きな悲しみに包まれていましたが、その新たないのちとなっていく様子を見たり、その堆肥を農園や敷地の林に撒き、それが作物や木々、畑に暮らす生きものたちの体の一部となっていくことを想像すると、悲しみも和らいでいきました。いのちから、また別のいのちへ。姿形を変えて、私たちの暮らしに今も寄り添い、一緒にいてくれていると思えるのです。

人間は、土とともに暮らす長い歴史の中で、土とうまく付き合うためのいろいろな智恵を身につけてきました。生活から出る有機物を堆肥化すること。これは、循環する暮らしの要となる技術であり、人類の大発明だと思います。

植物は生きることで土を作り、4億年以上いのちを繋ぎ、維持してきました。人も同じように土ができる暮らしにしていくことで、暮らすことが環境を壊すのではなく、豊かにする存在になれるはずです。

そんな本当の豊かさに触れてみてください。

土の素、堆肥作り

土作りというと、どんなイメージが思い浮かぶでしょうか。例えば、農家さんや農業改良普及員に聞いてみると、「1反あたり堆肥3ｔ」、「石灰を300kg入れる」といった話に及ぶことが多いかもしれません。では、それらを土に施す理由とはなんでしょうか。

ひとつは、土の中に有機物を増やし、団粒構造や層構造を発達させて多様性のある環境を作り、水はけや水持ちを良くすること。次に、ph値（土壌酸度）を整えて作物や微生物の生育にあった環境にすること。つまりその最大の目的とは、土の中にたくさんの生きものが棲めるよう環境作りをすることだといえるでしょう。栄養より資材より何より重要なのは、いかに土の中に、微生物が棲める環境作りをするのか、ということなのです。

多様な微生物が暮らす豊かな土。そんな土を作る暮らしにおいてもっとも重要なのが堆肥作りです。堆肥とは、すなわち土の素のこと。土の素である堆肥を土に還すことによって、豊かな土を作ることができます。

畑や園芸での土作りにおいて、土壌改良剤というものが用いられることがあります。作物の栽培に適した土壌に生まれ変わらせるべく、施用することで微生物を増やして土壌を豊かにするための資材です。でも、土壌改良剤なんてなくたって、土の素、つまり堆肥さえあれば、土を作ることができます。仮に、貧栄養で疲弊した土地であっても、土の素があれば豊かな土壌にすることができます。

学生時代に、こんな原体験がありました。住んでいたアパートの1階にはベランダに沿って花壇があったのですが、雑草しか生えていないのが寂しくて、いろいろ植えてみようとしたのです。でも、それを見た農学部の先輩から「そんなところに植えても何も育たないぞ」と、からかわれてしまいました。確かに、ひどくサラサラの乾燥した土で、肥料を少しばかり入れたところで焼け石に水の状態。それでも何かできないものだろうかと考えて、試しに毎日の自炊で出る生ゴミを埋めてみようと思いつきました。コンポストを家庭で実践する人も増えてきた今では、珍しい方法ではありませんが、当時はそんなこと誰もやっていないような時代でした。どうなるかはわからなかったけれど、5mほどの細長い花壇に毎日少しずつ場所をずらして生ゴミを埋めていきました。

そんな日々を数週間続けると、土が元来持つ生ゴミ処理能力に確かな手応えを覚えるようになりました。そしてある時、土が黒っぽくなって、しっとりとふかふかな手触りになっていることに気が付いたのです。つい嬉しくなって、講義をさぼってはホームセンターに足を運んで、当時流通し始めたハーブ苗を物色し、植えるようになりました。そのうちに面積が足りなくなり、できた土をアパート脇に移植して勝手に野菜を育て始めました。そうすると、八百屋さんに売っているような立派な野菜が収穫できました。

この時に思ったのです。土と水と日光があれば食べ物が手に入るのだ、と。おまけに、土の素を作るための生ゴミも、その循環の中で手に入れることができる、と。自分も含め、農学部にいる学生たちは、農を専門に学びながらも、作物は肥料で育てるものだと思い込んでいたので、私にとってそれは大きな発見でした。

その後、大学院時代には緑化工学の研究室に在籍し、研究の傍ら、研究室で出る生ゴミを使ってミミズコンポストの研究をするようになり、堆肥作りとその利用を通してたくさんの学びと気付きを得たのです。

コンポストや堆肥小屋の役割

我が家では、私たちが生きる活動によって出る生ゴミや排泄物、動物たちの糞尿や遺骸、庭の落ち葉、木工作で出るおが屑などの有機物が、とにかく堆肥小屋に集まり堆肥化し、そして農園に集約されるという「土ができる暮らし」を実践してきました。つまり、私たち人間が活動することと、ここにいる生きものの活動すべてが持続する仕組みに繋がるような暮らしをデザイン（設計）してきたということです。

下水管に便を流してしまうと、この持続可能な仕組みを実現することができません。そして、コンポストが担う役割とは、単なるゴミの処理ではありません。人が生きるために集めたものを、土の生きものを介して循環させる持続可能な仕組みであり、人の暮らしを「土ができる暮らし」にすることなのです。

我が家の堆肥小屋は、動物の飼育スペースも兼ねています。雑草を食べてくれるシバヤギのユキと、毎日美味しい卵を産んでくれる鶏たちです。堆肥小屋が飼育スペースに適している理由は、いくつかあります。ひとつは、循環生活を営む上で効率的だから。我が家では、暮らしから出る有機物がすべて堆肥に取り込まれるようデザインしています。つまり、土ができる暮らしです。通常、専用の飼育小屋で飼う場合、糞尿が染み込んだ敷料を定期的に掃除したり、堆肥場まで運んだりする必要がありますが、堆肥小屋で飼えばその糞尿は直接堆肥に落ち、微生物に分解され取り込まれるため、手間が省け、臭いもしません。

そして、鶏にとって堆肥が餌場になることも利点のひとつ。鶏は、キジに限りなく近い鳥なのですが、野生のキジは餌が少ない冬の間、腐葉土を食べています。そのため鶏も、生ゴミはもちろんですが、堆肥も好んで食べます。放っておけば、堆肥をほじくって生ゴミや虫、堆肥を延々と食べ続けています。現在は5羽の鶏を飼育していて、暮らしの中で出る米ぬかや小麦のフスマなども与えていますが、数が増える以前は、餌を与えなくても十分なほどでした。それでももちろん、鶏たちは元気に卵を産んでくれます。

また、堆肥の発酵熱は、動物たちにとって温かな布団の役割も果たします。氷点下10℃まで下がる八ヶ岳山麓の厳しい冬場でも、堆肥は20℃を下回ることがないため、動物たちは堆肥を寝床にし、寒い冬でも野外で無理なく過ごすことができます。

そして、意外に思われるかもしれませんが、衛生的であることも大きな理由のひとつで

堆肥小屋では、鶏たちが堆肥中の土壌動物をついばむのに夢中だ。いい発酵をしている堆肥は鶏の腸内細菌も整えてくれる。

す。いい発酵をしている堆肥は、そこに棲む有効微生物によって病原菌やウイルスは駆逐され、動物たちにとって健康的かつ衛生的な環境となってくれます。

嫌な匂いもまったくしないので、我が家を訪れて、堆肥小屋を初めて見学する方にはよく驚かれています。堆肥なのに匂いがしない！と。そう、それこそ、我が家の堆肥の大きな特徴のひとつなのです。

堆肥は臭くない

日本には昔から肥だめの文化がありました。鼻が曲がりそうなほど臭くて、青い膜が張る液体の中では何かが時折、蠢いていて……。幼少期、田舎にある祖父母の家に行くと、当時はまだ、畑の横に肥だめがあって、子どもながらに臭くておどろおどろしく、不快な存在として忌み嫌っていました。そんな肥だめのイメージもあって、堆肥とはつまり、臭くて不衛生なものとして日本人の頭の中に刷り込まれてきたように思います。

また、昔ながらのコンポストというと、ホームセンターなどでよく売られている、バケツをひっくり返したような形状のものを思い浮かべる人も多いと思います。生ゴミと土をサンドイッチしていくやり方が取扱説明書に書かれていて、確かに分解はされるのですが、臭くなりコバエが湧いてしまっているのをよく見かけます。その土は、炭素分が少ないのです。

生ゴミの微生物による分解は微生物が分裂して増殖することでもあるので、微生物の体を作るために栄養素とエネルギーが必要です。その栄養素は生ゴミに含まれている窒素、リン酸、硫黄、ナトリウム、カリウム、カルシウム、マグネシウム、塩素などで、窒素をもっとも多く必要とします。エネルギーは生ゴミに含まれる炭素分である繊維分を分解することでアミノ酸と共に得られ、代謝して出る熱が発酵熱です。ミネラル的には窒素をもっとも必要とするのですが、生ゴミだけではどうしても窒素が余ってしまいアンモニアなどの匂いが発生し、その匂いを嗅ぎつけてハエなどの虫が集まってきます。そのため窒素分と炭素分のバランスを整えるために、炭素分である落ち葉や枯れ草などを補うと、窒素が

余らず匂いが出なくなるのです。

堆肥は臭くて汚い。そんなイメージや感覚を変えていくことができれば、もっと堆肥作りやコンポストが身近なものになるかもしれない。そんな思いもあって、より意識して説明するようになったのがC／N比です。C／N比とは、炭素（C）と、堆肥や土壌中の窒素（N）の割合のこと。つまり、炭素の量を窒素の量で割った数値のことです。

自然の土壌に含まれる炭素（C）と窒素（N）の割合はC／N比で表され、その値は15~20になります。ミミズなどの土壌動物や植物にとって有益な微生物が繁殖する最適な状態であるといえ、堆肥作りにおいてもそのC／N比に合わせることを意識します。30~40以上で管理して発酵の最終段階で15~20になるようにすれば、嫌な匂いはまったくさせず、安全に土に還すことができます。

C／N比15~20の堆肥とは、十分に発酵が進み生ゴミや家畜糞などの有機物が分解され腐植や微生物豊富な「土の素」になった状態のことです。一方で、C／N比15以下の堆肥は窒素量（つまり栄養分）が多い状態になります。匂いが出ている堆肥の場合は、C／N

発酵熱で温かく、ふかふかの堆肥。いい発酵をしていると匂いが出ない。冬はなかなか温度が上がらないが、肌寒い日でも堆肥熱で蒸気が立ちのぼる姿を見ると豊かな気持ちになる。

比9以下になっていて、窒素が余っているか、水分が多く空気が通らず嫌気性の腐敗状態になっています。だから匂うのです。そんなC／N比の低い堆肥を土に投入すると何が起こるのでしょうか。それは堆肥というよりも肥料的に働き、投入有機物を微生物が利用しやすくなり、土壌中の分解スピードが早くなります。そのため一時的に作物はよく育つのですが、微生物が急激に働くため、土の中の有機物が加速度的に分解され減っていき、土が劣化してしまいます。化成肥料の多投も土のC／N比を下げ、まさにそういう状態を引き起こしているといえます。また、土壌のC／N比を下げることは病原菌が好む環境（C／N比5～10）にもしてしまいます。自然界と同じC／N比の堆肥は、土の素としてじっくりと土中に馴染んでいき、土壌環境を豊かにしていきます。速効性はありませんが、とても効果的な持続可能性が期待できるのです。

では、C／N比を適した状態に整えるにはどうしたらいいのでしょうか。調整するといっても、堆肥原料の分量をあらかじめ決めてしまうというわけではありません。我が家の堆肥の中身は、有用微生物が棲みついている大量の広葉樹の落ち葉（C）とおが屑（C）などで、そこに暮らしの中で出た生ゴミ、排泄物、家畜の糞尿（すべてN）を混ぜ込み、発酵させて作っています。

仮に、理想的なC／N比にするべく、あらかじめ分量を決めておくとします。そうすると当然、落ち葉の量に対し、投入できる生ゴミや排泄物の量が限られます。その場は一時的に理想的なC／N比にはなりますが、分量が固定されているため、新たな生ゴミを投入することができなくなってしまうのです。連続投入できなければ、暮らしで毎日出る生ゴミを堆肥化できなくなります。

そこで我が家では、圧倒的な量の炭素（落ち葉）を堆肥小屋に詰め込み、その一角に集中して窒素（生ゴミ、排泄物）を投入していく、というやり方を実践しています。そうすると、投入した場所周辺の窒素が増えていき、C／N比が整っていきます。落ち葉とよく混ぜていけば、生ゴミの中の窒素が蓄積されていき、炭素分とのバランスが整うと発酵の連鎖が起こり始めるというわけです。そして連続投入して、その部分の窒素が過剰になったら若干匂いを感じるので、C／N比が低くなったと判断して奥にある炭素（落ち葉）を少しずつ混ぜていきます。窒素の分解と投入が進むごとに、だんだんとC／N比が整うエリアを増やしていくのです。そうすれば、無理なく連続投入しながら、適切なC／N比を保っていくことができます。

なお、C／N比は測定器などで計測できるものではありません。目安になるのが、発酵温度が上がっているかどうかや嫌な匂いがしているかどうかです。C／N比が適している状態にあれば嫌な匂いはまったくせず、土のような匂いがします。逆に、窒素が過剰になりC／N比が低い状態になると窒素が余った分、アンモニアなどの嫌な匂いのガスになって出てきます。そうなったら落ち葉などの炭素を多く含む繊維分の多いものを混ぜて、C／N比を調整します。また、堆肥の水分が多すぎて空気が通らず嫌気性状態になると腐敗し、匂いが出ることがあります。その場合は乾いた落ち葉を加えたり、乾いた部分と混ぜたりすることで水分調整を行います。

そうやって完成した完熟した堆肥（つまり土の素）は、ふるいにかけてから、畑に還していきます。ふるいに残ったものは未熟な有機物なので堆肥小屋に戻し、無駄なく活用します。畑に還す際は、1㎡あたり3～5kgの堆肥を混ぜていくのが目安。端境期には畑全体に堆肥を入れて、土作りをしていきます。そして、畑に苗を植える4月頃には、ふかふかで豊かな土壌環境ができあがっていきます。

コンポストトイレは、屋外（上）と屋内（下）に1ヶ所ずつ設置。屋内の小用トイレは130年前につくられた伊万里焼の小便器と銅板で自作したもので、チューブを通じて外のタンクに溜められる仕組み（右）。手洗いの水によっておしっこが薄められ、そのまま「おしっこ堆肥」として畑に使える液肥になる。コンポストトイレにできる堆肥は堆肥小屋でストックして追熟する。

このように我が家の土ができる暮らしは、庭の大量の落ち葉によって支えられています。年間で大体、8㎡程度の落ち葉を堆肥小屋に投入したり、農園に点在させた堆肥枠で10㎡ほどの腐葉土を作ったりしていますが、コナラやクヌギ、クリ、ヤマザクラなどの広葉樹林がある我が家では、落ち葉集めに困ることはありません。でも、都市や住宅地においては、なかなかそうはいかないでしょう。公園や街路樹の落ち葉の多くは、ゴミとして焼却処分されるだけでなく、落ち葉の片付けが面倒だからという理由で樹木が伐採されるなど、現代社会では、落ち葉は邪魔者扱いされています。

しかし土ができる暮らし、すなわち人間の存在意義を果たす暮らし方において、堆肥作りの炭素源となる落ち葉は貴重な財産です。各家庭にコンポストがあり、暮らしで出る生ゴミや落ち葉などの有機物が有効利用されれば、ゴミ処理場の規模や数も減らせます。ヒートアイランド現象を解消するためにも、大気中の二酸化炭素を吸収してもらい炭素固定するためにも、樹木をもっと植えようという行動変容が起こるかもしれません。落ち葉にはその木が集め有機物に蓄えた太陽光エネルギーや、土壌から集めたたくさんのミネラルが含まれており、それをまた人が集め、効率的に土を作ることを助けることになるのです。

上／我が家の敷地内には、ワイヤーメッシュで作った堆肥枠が点在している。落ち葉や刈り草、残渣などを入れておけば1年で完熟の腐葉土ができる。下／雑木林を開墾し、土作りし始めて1年目から5年目の土の状態の変化。暮らしでできる堆肥を毎年入れ込むことでだんだんと土の色が黒くなっていき、作物も生育しやすくなっていった。

農園をデザインする

いきいきと葉を伸ばす、多種多様な野菜たち。あちこちでエキナセア、マリーゴールド、シャクヤク、ダマスクローズといった花々が咲き、実りをもたらす果樹類が風景にアクセントを加えている。ミツバチやドロバチといった虫たちは花から花へと優雅に舞い、石積みの上ではニホントカゲが気持ちよさそうに日向ぼっこ。冬を越えた大きなゴボウの枝葉の間をそっと覗くと、小さな巣に青白く輝く卵が4つ。親鳥のジョウビタキがどこからか監視しているのか、ヒッヒッと甲高い声が青い空に響く……。

広さ約30a。月日をかけて、自分たちの手で創り上げてきた農園。今でこそ生きものの息吹が溢れる豊かな空間に育っていますが、かつてこの場所は、暗い竹林に覆われていました。訪れた方にそんな話をすると、誰もが驚きますが、必死に開墾してきた自分たちでさえ、当初は今のような景色を想像できませんでした。

鬱蒼とした竹林をひたすら切り開き、竹の根っこを取り除き、燃やしては灰にして土を耕す。貧栄養の土壌に暮らしでできる堆肥を与え、諦めずに種を蒔いていく。それは言葉通り、気が遠くなるような作業の連続でした。それでも、多様性に満ちた農園を思い描き、一生懸命続けてきました。

パーマカルチャー的な農場を実現するためには、重層的かつ立体的で、多様性がある空間作りが重要といわれています。水やエネルギーが循環し、多様な地形と植物があらゆる生きものの生息を可能にしている、そんな生物多様性に満ちた畑を目指しているからです。

この畑では、試行錯誤しながらあらゆることを実践してきましたが、現在の姿がパーマカルチャーの原則を踏襲した教科書通りの畑になっているかというと、必ずしもそうではありません。土地を観察して手を動かし、植物や自然と対話しながら、数多くの失敗を繰り返し、自分なりの解を形にしていった結果が、今の農園です。結局、教科書通りにいくことなんてなく、実際に土に触れながら、その土地なり、その人のライフスタイルなりに合った方法を見つけていくしかないのだと思います。私自身、まだまだ道半ばで試行錯誤の連続ですし、それは一生続くでしょう。毎日、毎年が学びと発見、挑戦の連続です。そして、それはとても豊かな営みであり、何物にも代え難い喜びでもあります。

暮らしの中で出る有機物が堆肥となり、そして畑へ。持続可能な暮らしに欠かせない、いのちの循環の場としての畑の存在。パーマカルチャーを入口に、自分なりに解釈を深めてきた畑作りにおいて、大切にしていることをいくつかご紹介します。

半不耕起半草生栽培

世の中には、様々な農法があります。緑化工学を学んだ私が、持続可能な暮らしの生活実験を通して客観的に有機栽培を理解し、「どんな農法を選ぶべきか？」を考えた結果、特定の農法を選ぶのではなく、「人を含めた生態系を作る」ために「半不耕起半草生栽培」という形になりました。

本来、農とは持続可能な暮らしの一部であり、暮らしと連動するものでした。ところが社会に職業が生まれることにより、農が個々人の暮らしから離れ、生活圏内で誰かがやってくれていたものからそのうちに国内のどこかになり、やがて海外のどこかで作られた農作物に頼るようになりました。そして、農が暮らしと連動していることを意識する機会がなくなってしまったのです。それどころか、循環の仕組みまで壊れることになり、ゴミやし尿を発生させたり自然破壊したりすることになり、持続する仕組みである「暮らし」は環境を破壊する「持続不可能な暮らし」となってしまいました。

昭和30年代以前、化学肥料はあまり普及しておらず、主に自給肥料が使われていて刈草

ジャムを作るためにワイルドストロベリーの実を摘む妻の千里。小道脇を覆うワイルドストロベリーは雑草を抑えるリビングマルチだ。

や落ち葉、緑肥《りょくひ》、稲わら、厩肥《きゅうひ》（家畜糞を発酵させたもの）、人糞尿などが利用されていました。人糞尿に関しては昭和30年の農地への還元率は90％で、都市の人糞尿も近郊農村の農地へ大部分が還元利用され、生産と環境保全が見事に両立した生態的循環システムが成り立っていましたが、化学肥料の普及で自給肥料の使用割合は減り、農地への還元率は昭和35年頃から激減してしまったそうです。（小島麗逸／「雑」学と地力、経済評論／1975年、東京、第24巻第13号24頁より）

その後、戦後の高度経済成長以後の自然破壊や飽食の時代の危機を感じた人々から、自然農や自然栽培のような考え方が生まれてきたのだと考えられます。それは農の在り方を正しいものにしようというとてもいい考えや実践であり、自然農法の根本原理や食の重要性について説いた岡田茂吉さんや、『わら一本の革命』（春秋社／2004年）の福岡正信さん、独自の自然農を提唱した川口由一さんをはじめ、素晴らしい哲学が有名無名人知れずでもたくさんの人によって考えられてきました。

自然農、自然栽培は、農地全体に草を生やすことで自然本来の土ができるなど、栄養素やエネルギーが集め蓄えられる仕組みをそのまま栽培に役立てている素晴らしい農法で

収穫作業は主に千里がしてくれている。彼女も農園にいる時間が好きで、農園の恵みを暮らしの中でどう活用するかイメージが膨らむようだ。

す。畑に生える草によって作られる有機物や腐植、集め蓄えられる栄養素によって、地力が維持されることを目指しています。そのため、基本的に動物性の鶏糞や堆肥などは持ち込まないということが原則となっています（一部、考えあって補いとして米ぬかや人のし尿を土に還している方もいます）。

しかし、そうすると人や動物の排泄物を土に還すことができなくなり、人のいのちの繋がりができなくなってしまいます。育てた収穫物を食べて出される排泄物を水洗トイレに流してしまっては、畑の草や微生物が集めた資源、つまり、持ち出された収穫物に含まれる栄養素分は、けっしてもとの畑に戻ることはなく、結果的に畑から収奪することになってしまうのです。人糞尿や家畜糞、生ゴミが循環せず、暮らしの廃棄物になってしまうと、本当の意味で持続可能にはなりません。水洗便所を使わずに畑以外のところに穴を掘って埋めればいいという考えもあるかもしれませんが、それでは局所的に栄養過多になりC／N比が乱れ、そこに棲む生きものたちに病気や害虫が発生する原因となってしまいます。

また、せっかく多くの生きものたちが長い時間をかけ、大地の希薄な土から栄養素を集めて表土に土壌として蓄積したものなのに、人間以外の生きものたちが利用しにくい過多な濃度にしたり、深くに埋めてしまうのは、なんとももったいないことです。それに、実際に埋めるとなると、私の計算では4人家族の場合、その年間に出す排泄物に含まれる窒素分が3％だとしたら、1000㎡にそれを撒いて4000個のキャベツ（肥料を多く必要とする作物）が栽培できる窒素量に匹敵します。つまり、他の生きものに悪影響を及ぼさずに点々と畑以外に埋めるには、とてつもない面積になってしまう計算になります。

一方、有機農業は、人が落ち葉や枯れ草、生ゴミ、人や動物の排泄物などを集めて堆肥化し、本来、草が土を作って維持する機能を人が代わって積極的に補う農法だと考えられます。一般的な有機栽培では農地に草を生やしませんが、草が作ってくれる有機物や集め蓄えてくれる栄養素（物質）やエネルギーの代わりに、堆肥や肥料をすき込んだり、裏作に緑肥を育てたりすることで補っています。つまり、手段は違えど目的は同じなのです。

それらを踏まえ、私たちの農園では、自然農や自然栽培的なアプローチと、有機栽培のそれぞれのメリットを活かした様々な方法を実験し、実践しています。人が生活することで出る生ゴミや排泄物、家畜糞を堆肥化して畑に循環させつつ、草が土を作る働きも活かして、畑を生物多様性の場にしたい。そう考えると、それぞれをミックスさせた形がベストだと考えています。

適材適所で堆肥を利用したりしなかったり、必要であれば土を耕し必要でなければ耕さず、草を生やすべきところは生やして、生えていると不都合なところは生やさなかったり。そのように「半不耕起半草生栽培」を実践すれば、野菜や作物をしっかりと育てられるのはもちろんのこと、人の暮らしと農、自然が連動できるようになるのです。

等高線に沿った畑のデザイン（コンターガーデン）

太陽は、東から昇って西に沈んでいきます。そのため、太陽の恵みを最大限享受できるよう、畑の畝は、南北に延びる形で作るのが理想的です。竹林を切り開いて作った我が家の農園も、最初は南北に畝を立てていました。ただ、農園の土地は、東から西に向かって曲線を描いて傾斜しているため、畝に沿って作業するにもひと苦労でした。ある時、体力

等高線に沿って、なだらかなカーブを描いている我が家の農園。傾斜のある土地でも、コンターガーデンにすれば作業効率はよくなる。

の衰えを意識したことがあり、このままの畑では老後続けることは難しくなるかもしれないと、危機感を覚えました。それで、等高線に沿ってデザインし直したのが今の畑です。等高線（コンター）に沿っているので、コンターガーデンとも呼ばれています。

等高線上に立てた畝は、水平移動できるので作業するにも楽で効率的です。また、等高線に沿って溝がある状態になるため、雨水を受けやすい構造になっていることも特徴です。自然界のものを無駄なく活かし、循環する暮らしをデザインするパーマカルチャーでは、効率的な活動、エネルギー計画を考え、移動の動線や水の流れを意識します。水は重力によって、上から下へと移動します。そのため、畑の上から下へと流れていく仕組みが理想的です。我が家の農園は、傾斜になっているので、水はけが良く土地は乾き気味です。

そうした土地の場合、パーマカルチャー的な農園作りでは、スウェール（Swale）という溝を掘ることを一例として挙げています。スウェールとは、水の流れを受け止めるための水路のこと。スウェールがあれば、雨が降った時に表面水を受け止めて、土に浸透させ、土壌中に留め蓄えることができ、スウェールがなければ表面水として流れていってしまう水を有効利用できます。乾燥した土地でもある程度、水を滞留させることができるのです。

等高線に沿って畝が作られたこのコンターガーデンなら、畝間がスウェールと同じ役割を果たします。そして、コンターガーデンは見た目の美しさも担保します。コンターガーデンの曲線はひな壇のような構造になっているので植えた作物の列が美しく見えるのです。このように、ひとつのものに多くの機能を持たせる「多重性」の重要性は、パーマカルチャーにおいて大切な考えのひとつ。コンターガーデンは、まさに多重性に富んだ畑の在り方なのです。

互いに助け合うコンパニオンプランツ

自然の仕組みはよくできています。そして、地球上で多様に暮らすいのちは、各々の特性を持ち、周囲の生きものや環境と関係性を築きながら存在しています。それぞれの性質を活かし合い、互いの成長にいい影響をもたらすのがコンパニオンプランツ（共栄作物）という考え方です。

例えば、マリーゴールドは、根に寄生する土壌害虫であるセンチュウ防除に効果的です。根から分泌される「α－ターチエニル」という成分がセンチュウにとって毒性を持ち、センチュウを遠ざける働きが期待されています。また、葉っぱには忌避効果があり、様々な植物と混植することでその効果を発揮します。マリーゴールドと混植した今年のキャベツは、アオムシの食害を受けることなく美しい姿を保ったまま育っています。マリーゴールドに限らずキク科植物の独特の匂い成分によってキャベツの匂いが攪乱されて、モンシロチョウがキャベツを見つけられず卵を産むことができないためです。最近の有機栽培では、こうしたコンパニオンプランツの関係が利用されるようになってきました。

上／マリーゴールドのおかげで、アオムシの食害を受けずに育つキャベツ。左／こぼれ種で増え、農園のあちこちで咲き誇るエキナセアもキク科のコンパニオンプランツ。右／畝片に緑肥としてイネ科植物を植える。

ほかにもキク科のレタスとキャベツ、キク科のシュンギクとキャベツというように他のキク科の植物と組み合わせてもいいし、セリ科やユリ科のような虫が嫌う成分や匂いを出す物を組み合わせてもいいです。逆に果菜や果樹の受粉などを助ける虫は呼び寄せたほうがいいので、農園にはナスタチウムやペチュニア、ヒマワリ、アリッサム、エキナセアなどを植えることで、ハナバチやミツバチなどがたくさん寄ってきてくれています。

ナス科などの植物は、根にフザリウム菌という青枯れ病の原因菌が繁殖することがあります。葉が急にしおれて枯れてしまう強い感染性の病気で、連作障害を引き起こす原因となっているのですが、ヒガンバナ科のニラを混植したり、次作にネギやニンニク、ラッキョウなどを植えたりすると、独特の匂いの成分である硫化アリルによる抗菌効果や、病原菌を退治する微生物を殖やしてくれることでフザリウム菌を退治してくれたりします。

また、イネ科植物やヒマワリなどは根に菌根菌という共生菌が宿りやすく、病気から守ってくれたり、栄養素のリン酸分の吸収を助けてくれたりするので、そういった種類を畝片に緑肥として植えています。また、ここには雑草も生やすようにしていて、畝を耕したとしても畝片は耕さないようにして、菌や虫の住処として残すことで、農園の益虫などの生きものの多様性が保たれるバッファーゾーンとしても活かしています。

そして、なるべく農園の土が作物や緑肥、雑草などで覆われるようにすることで生物多様性を確保し、いのちが物質やエネルギーを最大限集め蓄えるようにし、土が作られるようにしています。農園に限らず住環境すべてにおいて、できるだけ生物多様性を作り、最大限生きものの関係性を作っていのちが宿るようにすることで、豊かさが生まれるように心がけています。

農園における果樹の役割

パーマカルチャーの基本に、立体的な植栽というものがあります。農園を作るのなら、野菜だけでなく、果樹を植えようというものです。大きな理由としては、野菜（草）だけが植わった平面的な畑と比べて、立体的な植栽の畑では、生きものの多様性が生まれるか

らです。例えば、グミの木の根っこには、フランキアという放線菌が共生し、空気中の窒素を自ら肥料に変換する窒素固定をしています。果樹の存在そのものが、生きものが暮らすひとつの環境になりうるのです。

我が家の農園にも、リンゴ、桃、スモモ、アーモンド、梨、いちじくといった果樹が点々と植わっていますが、ここ数年で特にたくさんの実りを手応えとして感じられるようになってきました。桃栗三年柿八年というように果樹栽培には時間がかかりますが、年月をかけて果樹が育ち、実をつけてくれた時の喜びは大きいものです。

ただし、実際に試してみると、畑での果樹栽培は課題もあるということに気付きました。果樹の多くはバラ科です。バラ科ばかりを植えると何が起こるかというと、バラ科に特異的な病原菌、微生物、害虫が増えてしまいます。多様性を育むことが果樹を植える目的のひとつにもかかわらず、結果的に偏りが生まれてしまいます。

また、生産効率が落ちてしまうこともデメリットのひとつです。木が成長すればするほど日陰が大きくなるので、その部分は野菜が育ちにくくなります。そして、生産計画が立てづらいという側面もあります。もちろん、日陰でも育つショウガ、サトイモ、シュンギ

加熱調理に向く、グラニースミスというリンゴ。植樹して８年。昨年やっと初めて実をつけ始めたが、今年は昨年の倍くらいの実をつけた。

ク、チャイブなどを植えて立体的に植栽しますが、種類は限られます。
パーマカルチャーの考えを取り入れた菜園では、同心円状のマンダラガーデンや石をらせん状に組んでいったスパイラルガーデンなどが有名です。風や水がスムーズに流れていく構造であり、その大きなメリットは、様々な方位と高さを得られることで様々な種類を植えることができるから、と考えられています。らせん状に多彩な植物が育つ姿は見た目にも良く、農園を彩るアクセントとして作るのなら、楽しいと思います。ただ、こちらも生産効率や生産計画という点においては、優れているとはいえません。

畝が何本あって、どの期間までどんな種類の野菜が植えられ、そこからどれくらいの収量が望めるのか。そうした数量の目安を得られることは、農業だけでなく、農的暮らしを営む上でも重要だと思います。そういう意味でも、一番美しいと思うのが、昔のおじいちゃん、おばあちゃんが農業に追われることなく丁寧に作ってきた、オーソドックスな畝の畑です。そして、そこに混植という仕組みを取り入れれば、パーマカルチャーが推奨するような多様性は十分に作れるだろうと考えています。

また、農園で果樹を育ててみた結果、これから果樹を育てるのなら、果樹園と畑はしっかり分けたほうがいいと思っています。今後は、農園に日陰を作ってしまっている竹林の一部を伐採し、そこを果樹園にしたいと考えています。樹木を植え、森を管理しながら、そのあいだの土地で農作物を栽培する「アグロフォレストリー」の手法で、果樹と野菜を育て、果樹が大きくなってきたら野菜は無理に植えず、果樹園として完結させてもいいと思います。

ちなみに仕事で、ある程度広さのある農場をデザインする場合は、クヌギ、コナラといった管理しやすくて資源としても使える広葉樹を植えるようにし、クヌギやコナラを骨にして、その中にクリやほかの果樹を植えていきます。そうやってバランスを取るようにすれば、科が偏ることもなくより多様性を作れるし、果実を得られなくても落ち葉は堆肥になり、木は薪になり、物質エネルギーとしての存在価値を暮らしに還元してくれます。

生物多様性を実現する工夫

　暮らしを小さな地球にすることを実践してきましたが、その上でもっとも大切な視点のひとつが生物多様性です。微生物、ミミズ、虫、鳥、植物など、生きものには様々な役割があり、集まることによって大きな力を生み出します。その小さな集まりが自己組織化（物質や個体が、個々の性質による相互作業により、結果として組織が自ら組み立っていくこと）し、栄養分やエネルギーを集め、いのちの仕組みを動かしているのです。

　もちろん、農園作りにおいても、多様な生きものが暮らせる環境作りを意識してきました。竹林を切り開いた頃は、雑草すら生えにくい、虫や生きものの息吹も感じられないような不毛な土地でしたが、様々な生活実験を経て、豊かな場へと変化してきました。大きなきっかけのひとつは、竹炭をすき込んだり緑肥を利用するようにしたことです。竹炭と緑肥のおかげで土の中に微生物が増え、いのちの仕組みに沿って様々な植物を育てながら環境を整えていくことで、多様ないのちが集まる農園になっていきました。

　生物多様性のある農園にするためには、様々な工夫や配慮が必要です。ただ単に農薬や

農園に設置しているバグホテルは、牛舎の廃材を利用してデザインしたもの。大きさの異なる穴を開け、その穴にハチをはじめとする虫が入居する。アオムシを捕まえてくれるドロバチは優良住人の一種だ。

化学肥料を使わなければ、自然と生きものが集まってくるのかというと、そういうわけではありません。生きものの生態を理解し、どういう場が適切なのかを考え、然るべき準備をして生きものが集まってくれるのを待ちます。

我が家の農園では、虫や生きものが休憩したり、住処として活用したりするための場であるエコスタック（草木や石など自然物を材料にして作る生きもののための住処）を様々な工夫で作り、設置しています。農園のあちこちに設置しているバグホテルもそのひとつ。廃材に小指ほどの太さの小さな穴を開けたもので、その穴に様々な虫が入居してくれます。アオムシを捕まえて野菜の栽培を手伝ってくれるドロバチや、原始的な雰囲気がいいオオハキリバチなど、生物多様性を作ってくれる嬉しい存在です。

そして、農園の北側奥には、ニホンミツバチの巣箱を設置し、南北に長い農園を通って蜜を探しに行けるように配置しています。ニホンミツバチは、野菜の授粉を助けてくれ、美味しい蜂蜜を供給してくれる、暮らしに欠かせない大切な存在です。

農園には、ところどころ小さな石積みの山（虫塚）も設置しています。アフリカのジブチ共和国の砂漠緑化の手法として実践されたストーンマルチ工法からヒントを得て作った

上／ストーンマルチ工法にならい、農園の各所に石を積み上げている。右／ニホンミツバチの養蜂では、ニホンミツバチ用に改良したセイヨウミツバチの養蜂箱を使用。左／ジョウビタキが産んだ卵。

もので、水分保持と蓄熱に効果があります。石と石の隙間が生きものの隠れ家としても最適なため、ダンゴムシやコオロギ、ゲジゲジなどの住処になり、ニホントカゲやカナヘビはこの中で冬眠をします。そして、春になるとひょっこり出てきては、石の上で日向ぼっこする姿も見られます。

多様性のある植生を心がけることで、それ自体が多様ないのちのゆりかごにもなっていきます。とにかく農園のそこかしこに多様性のある植栽をしたり、落ち葉を集めて腐葉土や堆肥を作る堆肥枠（カブトムシの幼虫の住処にもなる）や、石を積む虫塚、バグホテルなどを設置したり、土の中にも竹炭を混ぜたり光合成細菌を撒いたりするなどの工夫をして、多様性のある環境を作ることで最大限の生きものに棲んでもらい、それぞれ一本一本、一匹一匹に物質やエネルギーを集め蓄えてもらうのです。

そして、土の素である堆肥作りを始め、土壌そのものを生きものの住処にするための工夫も、もちろん大切です。土を耕さずとも根と微生物が耕してくれ、年々、土壌の生物相が豊かになっていく不耕起草生栽培もそのひとつです。我が家の農園では、長年、部分的に不耕起草生栽培を取り入れてきました。畝の際に緑肥を植え、伸びたらそれを刈り取り、

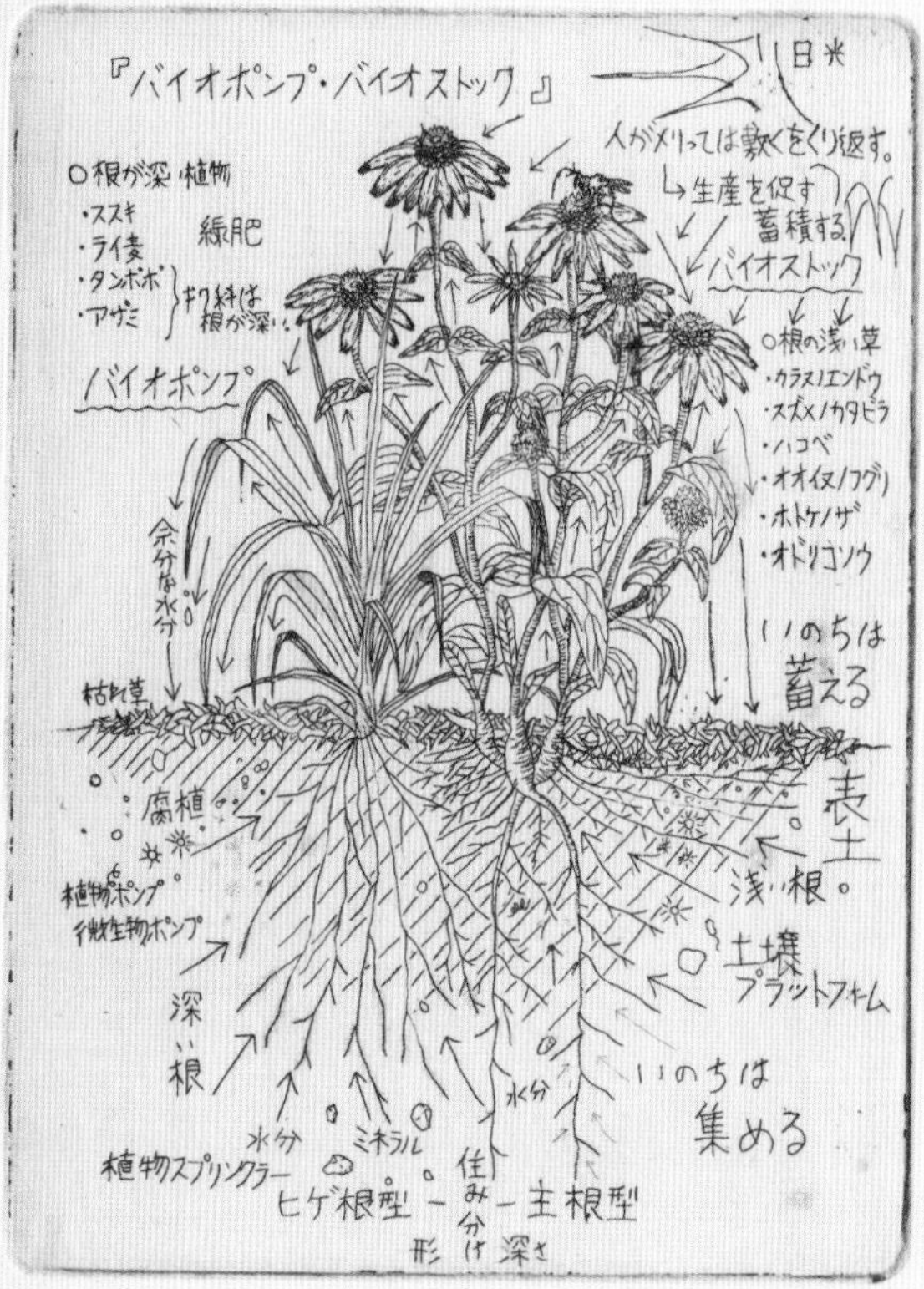

50/150 Yotsui

土の上に被せていきます。刈り草は微生物によって分解され、土壌を豊かにし、多様な微生物が棲みやすい環境になり、そしてその恵みを植物に還元してくれるようになります。そうやって草が栄養分を吸い上げ蓄える働きのことを、私はバイオポンプ、バイオストックと呼んでいます。生きものが物質エネルギーを集める力。それを活用させてもらうことが、多様性のある場作り、持続可能な暮らし作りに役立つのです。

緑肥には、多年草の牧草を主に使っていて、畝肩に固定で植えています。刈っても刈ってもものすごい勢いで伸びてきます。土深くまで伸びた根は、地上部を刈り取っても土中に残り、刈った草は無理のない形で土に栄養分が戻っていきます。バイオマスを稼いでくれる優秀な緑肥は、多年草のため、根に共生する菌根菌などの微生物の種類も年々増えて、力になってくれます。緑肥のことをリビングマルチともいいますが、リビングマルチで覆われた我が家の農園は、初夏から秋にかけては多様な緑で覆われていて、そこかしこに生きものの息吹が溢れ、畑というよりガーデンのようです。本来、自然界における地上部の大半は、草原や森や生きもので覆われていて土が見えることはありません。とにかく地上部も地下部もありとあらゆる空間が生きもので覆われているのです。覆われるだけでなく美しく棲み分けされ、生命感に溢れています。

　私たちが竹林を開墾し、竹の単層林から多様性のある草原のような農園を作ってきたことで、竹林にはいなかったような生きものたちが農園に溢れるようになり、思いもしなかったような変化も起こっています。

　多様ないのちが巡り、それらの自己組織化によってそれぞれが活かし合う生物多様性の農園がさらに育っていき、新たな気付きがあったり、またそれを活かせたりと、今後も観察と実践を心がけていきたいと考えています。

水を巡らす

地球の表面の3分の2は、水で覆われています。太古の海の中で、地球上初めてのいのちが生まれ、長い年月を経て、多様な生きものへと進化してきました。そして、生きものの身体には、海と同じような水とミネラルが含まれています。多様ないのちを育む地球の仕組みには、水の存在が大きな役割を果たしています。

人間は特殊な生きものなので、自分が住んでいる場所に水を引いたり、井戸水を汲み上げたり、水路や配管で集めたりすることができます。しかし同時に、せっかく集めた水や栄養分を、下水管を通して川から海へと放出してしまうという、変わった生きものでもあります。

日本の土壌が悪化してしまった大きな原因は、下水道が普及したせいだと私は考えています。現代社会では、一度使った水は下水に流されて、下水処理場で多くのエネルギーと薬品を使って処理され、川から海へと流してしまっています。せっかく集めてきた水や栄養分を土地に還すことなく、川から海へと流してしまうということです。本来、水と栄養は循環するのが地球の正しい仕組みですが、下水道によってその循環経路が絶たれ、一方通行となっているのです。

水を介する栄養分も水そのものも、ほかの生きものが利用できるような仕組みこそ、本来有るべき姿です。暮らしの中で水を浄化し、栄養を土に還す循環型の暮らしが実現すれば省資源、省エネルギー、省コストだけでなく、私たち人間の営みが豊かな生態系を作り、自然回復のきっかけになっていくでしょう。

かつて住んでいた長野県高遠町の山間集落は、水資源が豊富で作物栽培でも困ることはありませんでした。しかし、現在暮らしている八ヶ岳南麓の土地は高台の傾斜地にあるため、農業用水を引くこともできず、土が乾燥しがちです。そんな中で、我が家では、水を無駄なく使い、暮らしの中で水が循環するような仕組みを実践してきました。

農園は、水が上から下へと無駄なく流れ、保水できる構造を心がけ、有機マルチや緑肥で乾燥を防ぐようにしたら、多くの実りが得られるようになりました。生活排水を浄化するバイオジオフィルターがビオトープへと流れ込むようにしたら、水生昆虫やカエルが集まり害虫を食べてくれ、ヘビが生息し、そこにひとつの生態系が形成されました。もともとあった井戸水に加えて、天からの恵み、雨水を無駄なく使えるように大きな雨水タンクを設置したら、乾燥時期のバックアップになるだけでなく、温室でのアクアポニックスや点滴灌漑《かんがい》での水やりなど、生活実験の幅も広がっています。

水は、私たちを豊かにするための源。暮らしの中で少しでも循環するような仕組みを考えてみましょう。

バイオジオフィルターで生活排水を浄化

昔から「三尺流れれば水清し」といわれてきたように、自然の仕組みには浄化作用があります。生活排水に含まれる汚れのもととなる物質も、自然の仕組みに沿って微生物や植物に養分として分解、吸収してもらうようにすれば、きれいな水として生まれ変わります。

我が家では、そんな自然の仕組みを活かしたろ過システムを使っています。台所から出た生活排水は、まず屋外に設置した前処理槽であるろ過装置へと流れていきます。傾斜土槽法という手法を用いた浄化装置で、底に傾斜をつけて水が流れるようにした箱を4段重ね、その中にたくさんの微生物が棲む多孔質の石などのろ材を入れて、自然界の水の浄化をコンパクトに再現しています。多孔質のろ材の表面に棲む微生物が、排水中の食べかすや油分などの有機物をろ過、分解してくれることで水が浄化されていきます。また、この中にはたくさんのシマミミズを飼育しています。微生物の塊をシマミミズが食べてくれることで目詰まりが起こりにくく、匂いも発生しにくくなる仕組みになっています。

ここで前処理された水は、地中に埋められたエコパイプを通って屋外のバイオジオフィ

右上＆下／台所の排水が注ぎ込み、水を浄化する傾斜土槽法。中には、軽石などの多孔質のろ材以外に、たくさんのシマミミズがいて排水中の栄養分を食べてくれている。左上／自然の川の仕組みを小さくまとめたバイオジオフィルター。一般家庭なら幅90cm×長さ10ｍあれば水を浄化できる。

ルターへと注がれます。バイオジオフィルターの長さは約10mで、40㎝程度の深さに溝が掘ってあります。底には池用の防水シートを敷き、上流から下流へと堰を低くして、水がゆっくり均等に流れるようにしています。底には多孔質の砂利や軽石を入れ、微生物の住処にし、クウシンサイ、ショウブ、ヤツガシラなどの水辺の植物を植えていきます。そうすると、微生物と植物の連携によって、排水中の有機物が分解、吸収され、水がきれいになっていきます。バイオジオフィルターとは、単純に水をきれいにする仕組みという考え方で捉えられることが多いですが、ほかの生きものが生きるために水を利用し、同時に水がきれいになっていく仕組みとして私は捉えています。つまり、いのちが物質やエネルギーを集めることで水を浄化するわけです。

実際、自然の川の中にはたくさんの生きものや植物が棲んでいて、水の汚れを食べてきれいにしてくれています。バイオジオフィルターは、そうした自然の仕組みをコンパクトに再現したものなので、普通の小川であれば40～50mくらいかかる浄化システムの能力を、10m程度で実現できています。また、クウシンサイのほか、下流にはワサビ、セリなど食べられる植物を植えれば、それらを収穫して食べることもでき、循環の仕組みがさらに充実します。

バイオジオフィルターで浄化された水は、そのままビオトープの池に流れ込むようになっています。穴を掘り、防水シートを敷いて水を入れ、水生植物を植えて作った池です。そこにボウフラを食べてくれるメダカを放し、そのうちにヤゴやマツモムシ、ゲンゴロウなどの水生昆虫やカエルなども棲みつきます。そして、今度はそれを捕食する鳥が来たり、それによってまた新しい虫が来るようになったりもします。水辺があると、そこに生物多様性が生まれるのです。そして、畑の害虫や蚊、アブなどをトンボやカエル、鳥が食べてくれることで、場に養分が巡り、バランスが整えられ作物を育てる環境としてもより充実していきます。

ビオトープとは、日本では水辺の環境を指すことが多いですが、本来は、自然界における生きものたちの暮らす場所、という意味を持つドイツ語です。ビオトープが家にあることで環境の多様性が生まれ、場が豊かになっていく手応えを確実に感じることができるはずです。そして、それは何より心躍る体験であることは間違いありません。

雨水を無駄なく利用する

乾燥がちな今の土地に住むようになり、雨の存在に一層感謝するようになりました。恵みの雨とはまさにその通りで、天から降ってくる雨水の溜め水は、乾季における農園への放水をはじめ、暮らしの中で様々なことに利用できます。

ある年の夏、地面がひび割れるほどのひどい干ばつに見舞われたことがありました。庭木に枯れるものが出てきたり、井戸水がほとんど枯渇してしまったりと、危機感を覚えました。また、温室を設置したことで、より多くの雨水が必要にもなりました。

近年は、気候変動の影響もあり、豪雨や干ばつなど環境が不安定です。バックアップとして水や食べ物に困らないようにと設置したのが、10tの雨水タンクでした。隣町の造り酒屋で不要になったという醸造タンクを3万円で譲り受けたものです。

雨の多い日本には、江戸時代に発明されたとても便利なものがあります。それが、雨樋です。現代では、屋根に降った雨は、雨樋に集められ、余分な水として排水されてしまいますが、雨樋とは、本来、雨水を集めて利用するために作られたものでした。我が家では

雨水タンクの配管などの仕組みを図解したもの。手描きで設計図を起こすと、必要な材料や準備が明確になる。水が使い切れるよう、蛇口はタンクの底につけた。

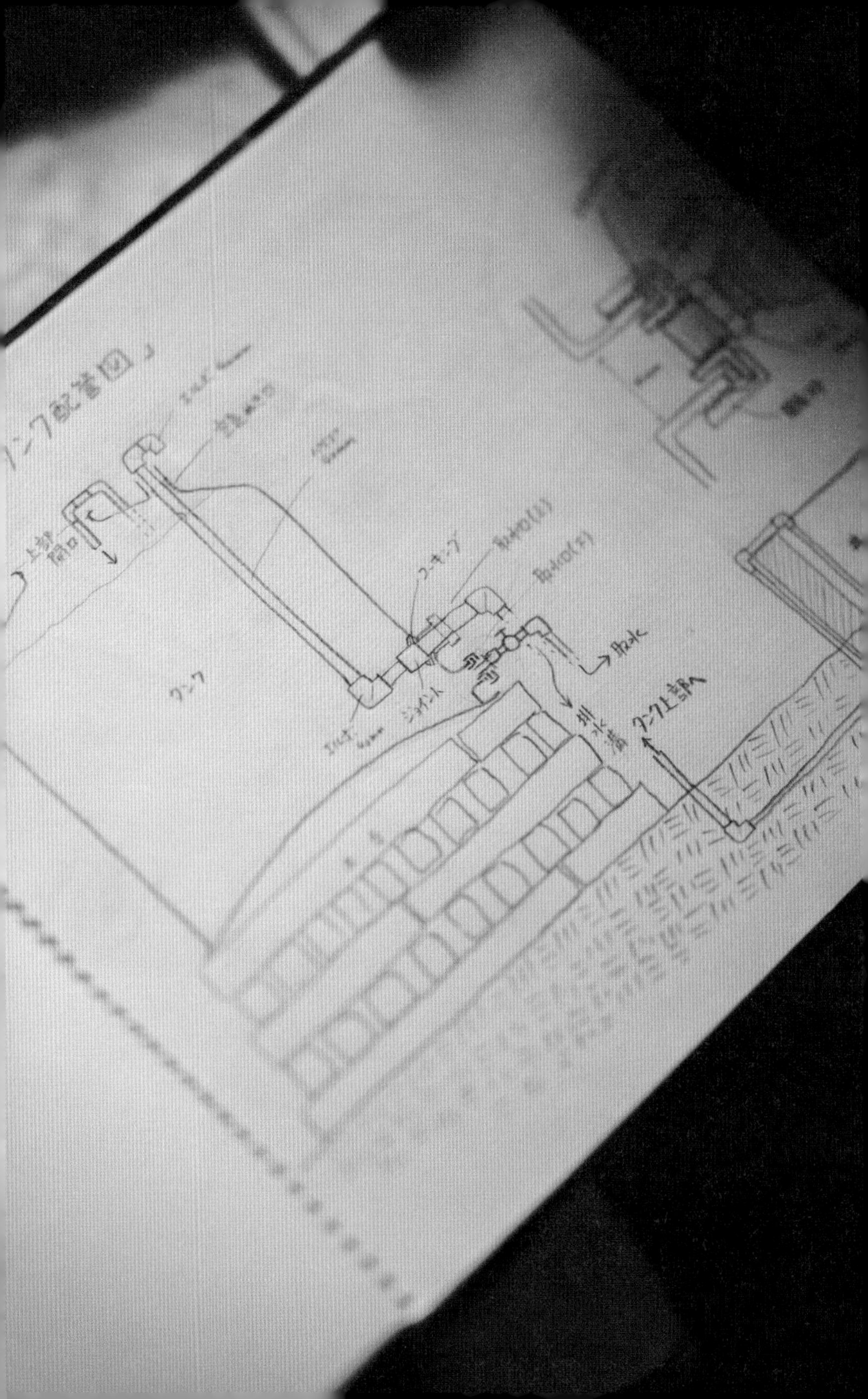
ンク配管図」
上部開口
タンク
ジョイント
パッキング
取水口(上)
取水口(下)
取水
排水溝
タンク上部へ

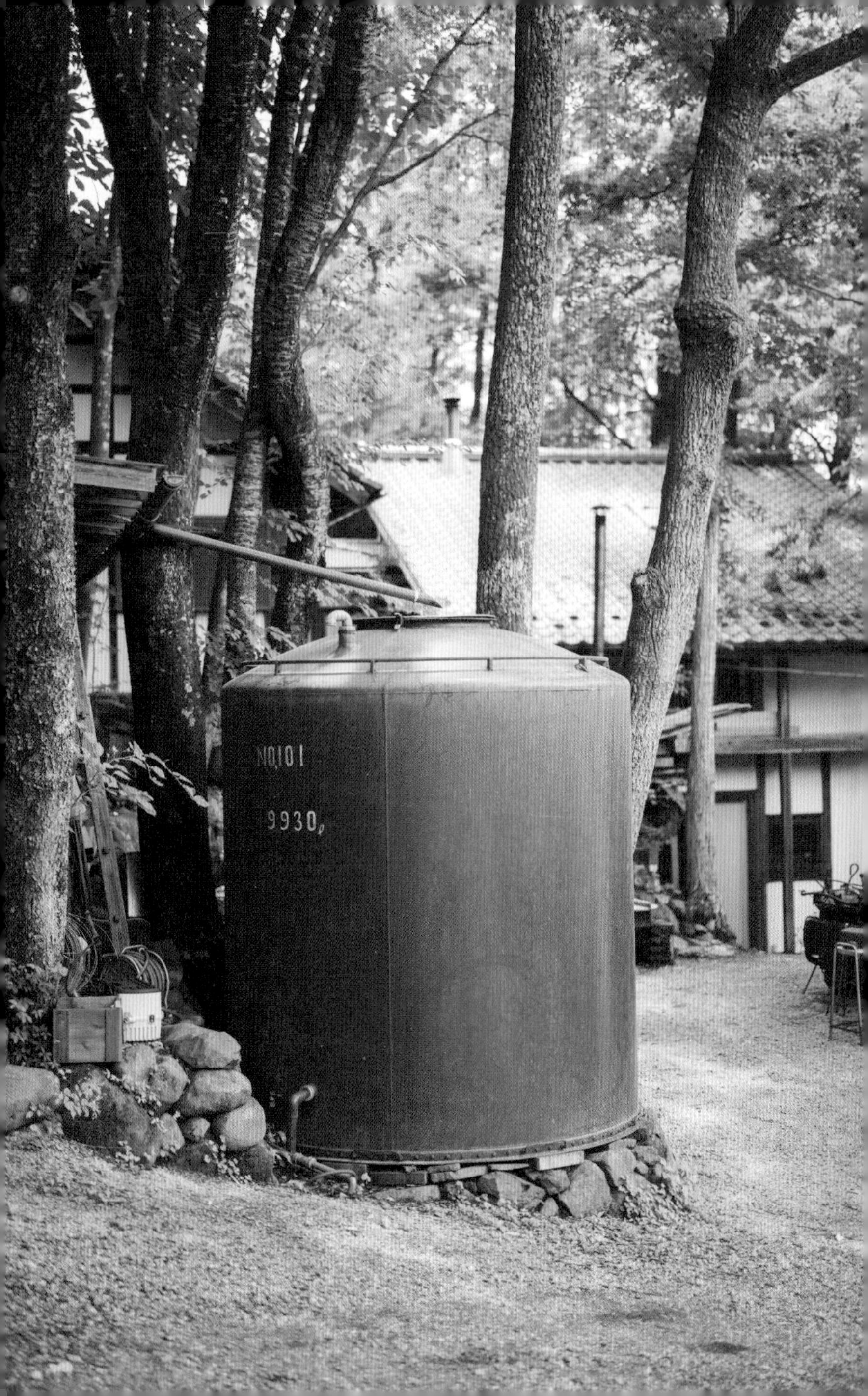
NO.101
9930ℓ

この仕組みを利用して、水を集めて、雨水タンクに雨水を溜めて利用しています。

目安として、1㎡に10㎜の雨が1時間降れば、10Lの水を溜めることができます。集めることができる量は、降水量と屋根の面積によって決まります。都市に暮らす人たちが、雨水をもっとうまく使えば、生活に必要な水はぐんと減らすことができ、山奥に新たにダムを作る必要もなくなるかもしれません。

雨水をストックしておけば、乾季のために水を確保できるだけでなく、本来適材適所でしか栽培できない作物も、雨水を少しずつ使って栽培できるようになります。例えば、我が家の農園は乾燥がちだったので、水分を必要とするサトイモの栽培には適しませんでした。しかし、雨水タンクを設置し、そこから畑まで配管して、ポタポタとピンポイントでドリップ給水する「点滴灌漑」をしたところ、サトイモが人の背よりも高く育つようになりました。点滴灌漑はイスラエルや中東などの乾燥地帯で発達した技術で、上から散水する時に比べ、5分の1ほどの水の量で済みます。ドリップで灌漑すると、土の中へしずく形に水が浸透していきます。そのしずく形の分布が根の分布と一致するため地表面の蒸発も少なく、水が無駄なく有効利用できるのです。緑化工学で学んだ技術を取り入れたので

醸造所で使われなくなった10tタンクを再利用した雨水タンク。雨樋で集められた水が雨水タンクに注がれる仕組みになっている。

すが、タイマーをつけておけば決まった時間だけ灌漑することもでき、非常に役立っています。

今後は、農園の上部にも貯水を兼ねたビオトープを作り、母屋の屋根の水も配管で引いて有効利用したいと考えています。斜面に広がる農園の上に池があれば、散水もしやすく、水の流れも効率的です。そして、何よりあらたに水辺ができることで生物多様性に貢献することができます。水は、いのちを育む源なのです。

アクアポニックスで野菜を育む

水耕栽培と魚の養殖を掛け合わせた、循環型農業として注目されているアクアポニックス。魚の排泄物を微生物が分解し、それを植物が栄養として吸収し、浄化されたきれいな水が水槽に戻るという仕組みです。我が家では、ドジョウの養殖を目指して、温室でアク

アクアポニックスは循環型農業のひとつ。ワグネルポットに植えた野菜は、特別に手をかけなくても水と栄養分を水槽から得て育っていく。

アポニックスを実践しています。

雨水タンクから温室までは直線距離で約15m。地下に配管させて、蛇口をひねればいつでも雨水が出てくるようにしています。子どもたちと掘って作ったプールの水は、小型の水中ポンプによって吸い上げられ、水槽の上にある野菜栽培コーナーへと注がれます。水中ポンプは、小さな太陽光パネルによって駆動しています。

野菜を育てているのは、ワグネルポットと呼ばれる実験用の植木鉢です。下に排水口がついているため、ここからきれいな水が水槽へと戻る仕組みになっています。プールには私たちのおしっこを適量注ぎ、その栄養分で増えた植物性プランクトンである藻を動物性プランクトンであるミジンコが食べて増え、ミジンコをドジョウが食べて育ち、その排泄物を栄養に植栽ポットのクウシンサイが育ち、水が浄化されるのです。野菜をポットに入れたら、人によるケアが必要なのは、水生植物が伸びた時に刈り取ることくらいです。あとは、収穫時期を待ちます。

現在、200匹ほどのドジョウを飼育していて、今後繁殖が成功すれば、食糧としても暮らしに取り入れたいと考えています。

自家製の液肥作り

雨水タンクによる豊富な水資源のおかげで、生活実験の幅も広がりました。即効性のある肥料分として活用する液肥も、いろいろと試しながら自作しています。

温室で作っているのは、エアポンプを使って作る鶏糞液肥です。雨水を入れたビーカーに、鶏糞を布で包んだものを投入し、エアポンプで空気を送り込みます。1週間ほど曝気《ばっき》(水を空気にさらし、酸素を供給する)しておくと、内容物が微生物によって分解、酸化し、硝酸態の窒素になって吸収率の高い液肥になります。最初は茶色い水なのですが、空気を送るだけで水が透明感を増し、きれいになっていきます。エアポンプだけでこんなにきれいになるとは驚きましたが、実験にはこうした驚きと発見が詰まっています。

最近よく活用しているのが、オオバコの液肥です。海外ではコンフリーというハーブを水に浸けて液肥を作る事例がよく見られます。市販の有機栽培用活力剤の原料を調べたらオオバコだったので、試しにオオバコを雨水に浸けて作ったのがオオバコ液肥です。土の微生物活性化や生育不良の時の元気注入、栄養ドリンクのような感覚で使っています。

ちなみにオオバコは、踏まれても負けない強い草で、よく車の轍や硬い土の上に生えます。我が家では、温室の前の通路上にもよく生えるのですが、草取りと思うとどうしても億劫になりがちです。でも、液肥を作るという目的ができてからは、ストレスなくオオバコの草むしりができるようになりました。

また、液肥としてよく使うものに、おしっこを水で希釈したおしっこ液肥があります。江戸時代のある文献に、夏は3倍、冬は10倍に水で薄めれば液肥として使えると記載されているように、昔からの利用法です。しかしやってみると、日常で溜めているおしっこを度々薄める作業は意外にめんどうでした。いろいろ実験した結果、用を足した手を洗う水で小便器もゆすぎ、同時におしっこが薄まる仕組みを作り、外と配管で繋いで自作の移動式タンクに溜められるようにしました（P130）。タンクに溜まったおしっこ堆肥は、そのまま堆肥小屋や農園に堆肥の窒素分や液肥として利用できるようにしています。

実はおしっこを利用することはとても重要です。おしっこは体を構成していた細胞が古くなると分解され、尿として出てくるのに対して、うんちは食べた物の吸収されなかったカスや不用な重金属、腸内で増えた微生物が排泄されているものなので、内容的にも量的

エアポンプを用いて作る鶏糞液肥は、温室で作っている。雨風を避けられる温室内は、電力も使えるため絶好の実験室だ。

にも、もともと体の成分だったおしっこのほうが土壌に還すには価値があるのです。そもそも私たちが体に集めた栄養素は、おしっこを通して土壌に還るようにできているのです。

竹林もそうですが、生活実験を経て、多様ないのちを持続可能な暮らしに活かせるようになると、本当の豊かさを感じます。ほかの生きものが利用できる水の仕組みや雨水の活用法についても、今後も生活実験を行い続け、新たな発見をしていきたいと思っています。

上／土壌の汚れた飼育水はクウシンサイなどによって浄化され、プールに戻る。下／土壌の有効微生物である放線菌を増やすために培養している光合成細菌。

エネルギー&資源を活用する

地球上、いのちの仕組みで使うエネルギーの100%近くは、太陽光によって生み出されています。そして、その太陽光を集めているのが、植物です。植物が太陽エネルギーを使って光合成を行い、それで作られた有機物をもとに多くの微生物が働くようになり、多様な動物がそれらを消費して循環しています。

生命は、地球ができて5億年後の40億年前に生まれ、30億年前に光合成を行うシアノバクテリアが誕生し、やがて植物の祖先が生まれました。以降、植物が繁栄し続けることで地球を覆って環境を作り、他の生きものはその環境に依存するという、植物が主役である世界になりました。今、地球上には約1兆1000億tの生きものがいて、そのうち9000億tは植物が占めています。地球はいわば、植物の星。私たち人間の暮らしも、植物が光合成によって作られる有機物に集め、蓄えられる太陽エネルギーのおかげで成り立っているのです。

太陽、そして植物の力によって、私たち人間が得ているエネルギーとは、なんでしょうか。光合成で生み出される酸素以外では、野菜や果実、植物を食べて育った家畜や生きもののいのちなどがわかりやすいですが、その恵みはもちろん、日々口にする食糧だけではありません。例えば、薪を燃やして火を熾すという行為。これも、光合成によって有機物に蓄えられたエネルギーを、我々人間が燃やすという行為で引き出しているということに言い換えられます。

地球上の生きものは、植物が作った有機物からエネルギーをあらゆる方法で引き出して、いのちを繋いでいます。生きものの法則とは、いのちある限り、集め、蓄えること。植物が光エネルギーを集め、有機物として蓄える。生きものがその有機物を食べて、エネルギーを引き出し、それらがいのち尽きた時、その死骸は微生物に分解され、また植物によって集められていきます。

持続可能な暮らしにおいて大切な視点とは、エネルギーの集め方、引き出し方、そして、それらを循環させていくことです。ここでは、我が家の暮らしにおいて、太陽がもたらすエネルギーの恩恵をどう引き出し、活用しているのかについて、お伝えしていきます。

ちなみに、太陽光エネルギーを暮らしに活かすというと、自家発電を思い浮かべる人も多いでしょう。我が家の屋根や温室、畑にもソーラーパネルを設置して適宜稼動させています。大きな投資をしなくても得られるくらいの電力は、自家発電によって賄っているということです。

しかし我が家は、送電網に頼らず電力を完全自給する、いわゆるオフグリッドハウスではありません。生活に必要な電力は、再生可能エネルギーを扱う電力会社「みんな電力」から購入しています。パーマカルチャーデザインの仕事で関わった千葉県木更津市にある「クルックフィールズ」のメガソーラーで発電した電力をみんな電力が買い取っているため、日々、その電気を利用していることになります。持続可能性を追究する私たちの暮らしを見て、なぜオフグリッドにしないの？と聞かれることも少なくないのですが、持続可能な社会にするために、応援すべき企業の商品やサービスを買い支えることも、必要な社会参加のひとつだと私は考えています。

同じような考えから、自然栽培米や醤油麹も信頼できる友人知人から購入しています。完全自給自足は他者へ依存する必要がなく、他者や社会との繋がりをなくします。程よい相互の依存関係は、有機的な人の繋がりを作ります。私が目指しているのは自給自足ではなく、あくまで持続可能な人間の営みであり、その先には集合体である持続可能な社会を思い描いています。そのために必要なものは何かを考えて、日々選択しています。

そんな視点を日々の中で意識しながら、それぞれの暮らしにおけるエネルギーの集め方、引き出し方、そして循環の仕方を考えてみませんか。

太陽熱と光の恩恵を取り入れる

地球に降りそそぐ太陽エネルギー。太陽エネルギーは、光であり、熱にもなります。植物が光合成のために必要とするのが光エネルギー。その光エネルギーがものに当たると熱エネルギーに変わります。そうして得られる熱エネルギーは、地球の気象に影響するなど、地球の生きものが活動をするために欠かせないエネルギーです。地球という容れ物に絶えず太陽光というエネルギーが当たり、蓄えられ、宇宙に放射されることで、地球の仕組みが活発に活動し続けているのです。

身近なものでいえば、洗濯物を乾かしたり、布団を干したり、干し野菜や乾物を作ったりすることも、すべて太陽エネルギーによる恩恵です。そうした太陽光のエネルギーをより暮らしに活かすための工夫を、我が家では実践しています。

そのひとつが農園の隣に設置している温室です。もともとは別の土地に建てたハウスを移設して、当時、8歳、5歳の息子たちと一緒に、家族で協力して建てたものです。約25坪の本格的なビニールハウスなので、DIYで建てるのは一苦労でしたが、温室ができたことで農園の可能性は随分と広がりました。温室の効果とは、透明な膜で覆うことで太陽の輻射熱が留まる温室効果を利用して、室温を上げることができる点です。そのため、標高が高く冷涼な気候である八ヶ岳南麓では、春先の育苗におおいに役立つほか、露地栽培ではできない作物を育てることが可能になります。我が家の温室では、パッションフルーツなどの南国の果実やゆずなどの柑橘類、冬場はターサイやほうれん草、レタス、小松菜といった野菜を収穫しています。いずれも寒冷地の露地栽培では、育てることのできないものばかりです。また、寒冷地では難しいお茶も栽培することができています。水温維持が必要なアクアポニックスも、温室内で行っています。

ちなみに、温室内で竹チップの堆肥を作っているため、堆肥の発酵熱も温室内の温度維持に寄与しています。昼間は、太陽光の熱エネルギーによって温室内が暖められますが、日没後は堆肥熱が夜の急激な冷え込みを防いでくれます。そのおかげで、より多彩な作物を育てることができるのです。このように異なるエネルギーを効率良く組み合わせると、弱点をお互いにカバーし合って、できることの幅も広がっていきます。

給湯システムも、薪ボイラーと太陽熱温水器の組み合わせによって効率良くエネルギー

変換をしています。太陽熱温水器は、自宅の屋根の上に設置しています。ガラスと銅による真空二重構造の集熱器は、筒状の内部に水が溜められており、太陽熱でその水が効率的に温められます。温めた水は、お風呂や台所で使いますが、雨や曇りの日には集熱能力が下がってしまいます。その際は、薪ボイラーで加熱して給湯しています。例えば、夏のシャワーは、太陽熱温水器で十分ですが、天候や気温によって柔軟に対応できるようになっているのです。なお、太陽熱温水器と薪ボイラーに

屋根に設置している太陽熱温水器。日当たりのいい南向きの屋根に、約45度の角度で取り付けるともっとも効率的。

よる給湯はバルブで切り替わるようになっています。

植物が光合成をするのと同じように、太陽の光エネルギーを直接使って、エネルギー変換させるテクノロジーが、太陽光パネルです。光エネルギーを使って電気を生み出す装置である太陽光パネルは、1日3時間以上日が当たる場所に設置します。我が家では農園や温室など各所で太陽光パネルによる発電システムを使用しています。

木水土が8歳、宙が5歳の時に建てたビニールハウス。8年目の今年、ビニールが経年劣化して強風でビリビリに破れてしまったため、また家族でポリオレフィン（塩素フリー）を張り直した。

竹害ではなく、〝竹恵〟な暮らし方

竹害ともいわれ、放置林が周囲に広がることで全国的に大きな問題となっている竹。暮らしから竹が消えてしまった今、邪魔者扱いされることが多いですが、我が家の暮らしは竹の存在によって持続可能性が保たれています。

畑にするために竹林を開墾していった際、大量の竹を前に、いかに竹を暮らしに活かせるかを模索し、実践し続けてきました。小さなものから大きなものまで、おそらく10通りは試したでしょう。竹かごを作ろうと挑戦したこともありましたが、製作に時間がかかる上、かごに必要な材料の量は本当に少量です。とてもじゃないけれど、消費しきれませんでした。そうしたトライ&エラーを繰り返しながら、様々な試行錯誤を重ねてきたのです。

その結果現在では、ヤギの餌からはじまり燃料、消し炭、キノコ栽培の菌床資材、農園通路に敷く竹チップ、タケノコやメンマとしての食材といった形で、竹のエネルギーを引き出しています。

燃料としての竹は、主に薪ボイラーで燃やしています。薪ボイラーには200Lの貯湯タンクがあり、内部に搭載された熱交換器でその熱を引き出すことでお風呂や台所で温水が使えるようになっています。大体直径12〜13㎝の大きめのマダケ1本で、２００Ｌの水を沸かせ、一日分のお湯を賄うことができます。断熱仕様になっているため、一度沸かした温水はある程度温度をキープすることができます。寒い時期は、朝一番で焚いて、台所で温水を使えるようにし、夕方、もう一度焚いて入浴の準備をしています。

さらに、ここで出た灰は、農園に撒いています。竹にはミネラルが多分に含まれています。竹が土からミネラルを集め、私たちが火を扱うことによってそのミネラルを土に還すことができます。江戸時代は灰そのものが売買されるくらいの価値がありましたが、今は燃えないゴミとして捨てられてしまいます。でも我が家では、竹を活用することで灰を手に入れることができ、おかげで畑に撒くための石灰やカリウムをほぼ賄えるようになりました。

土がついていて燃料として使えない根っこの部分は、畑の一角でまとめて焚き上げて消し炭にします。竹林に積んである間伐竹も一緒にくべていき、長時間燃やし続けます。その中に真っ赤な熾火ができるので、灰になる前に水を掛けて消し炭にします。そうしてで

きた消し炭は、2章で語ったように、畑の土中に埋めていくことで我が家の農園は土壌改良され、生物多様性のある場所へと変化していきました。燃料にすることと、消し炭にすることで、竹が暮らしの中で活かされ、無理なく循環する存在になったのです。
　チッパーを用いて粉砕した竹は、竹チップとして農園の通路部分に敷いています。こうすることで土壌表面に窒素飢餓が起こり、雑草が生えるのを防ぎ、景観の美しさも保ちます。また、少しずつ土に還っていく

溶接して自作した竹割り器。竹の棒を地面に刺して十字を組んで竹を割る動画を観て、鉄で作ってみようと思い、自作。先端を十字に切った竹を差し込み、押し込んでいくとスパッときれいに4つに割れる。

ことで土壌改良剤としての効果も望めます。

粉砕した竹を自作の回転電動ふるい機でふるい、さらに細かくした竹は、キノコ類の菌床や苗床としても活用します。温室の中で竹チップを急速発酵させて作った堆肥を、マッシュルームの栽培などに使っています。抗菌効果のある竹は、キノコによる相性もあるため、すべてがうまくいくわけではありませんが、今後も菌床としての可能性を探ってみたいと考えています。

苦味があるものの食材としても有用な竹は、初夏はタケノコとして様々な料理に用いられます。少し伸び過ぎたタケノコを収穫し、先端部分を茹でて塩漬けにして、乳酸発酵させてから乾燥させ、メンマを作ります。保存食なので、通年楽しめる食材として日々味わっています。

枝葉の部分は、ヤギのユキの食材として活用しています。雪に覆われて緑がなくなってしまう冬期でも、常緑の竹の葉は、貴重な餌になりますし、枝葉の収穫は同時に稈《かん》（竹筒）の収穫にもなり、一石二鳥です。

このように、我が家の竹は、稈、枝葉、地下茎、根っこまで無駄になることがなく、暮

上／切った竹をチッパーに入れて粉砕し、農園の通路に竹チップを敷く。下／最初に乾いた竹で火付けを行い、火に勢いが出たら生の竹を足していく。一か所にオキが集まるようにし、灰になる前に水をかけて燃焼を止める。その繰り返しで大量の竹炭を作ることができる。

らしの中で活用され、循環しています。持続可能な暮らしに活用する上で竹が有用なのは、素材そのもののポテンシャルだけでなく、成長スピードが驚異的であることも大きな理由になっています。1反（約300坪）の竹林であれば、年間2～3tを間伐しても竹林は維持できるといわれています。我が家の竹林は、もともと3反ほどあり、現在は1・5反あるので、年間3t使ったとしても現状がキープできる計算です。

竹が持つ驚異的な生命力と成長スピードは、竹林を年間5m広げるといわれています。竹を活用しない暮らしにおいては畑や林に侵食してしまい、まさに害であり、脅威でしかないでしょう。でも、暮らしの中で持続可能な仕組みさえ実現できれば、こんなに有用な植物はありません。竹の有効利用を模索する動きも、近年では各地で見られているようです。個人や家族単位では無理でも、コミュニティーとしてなら竹林を活かせるというケースもあるでしょう。人々の暮らしの中でもっともっと竹が活かされるようになれば、竹害という言葉がなくなる未来が訪れるかもしれません。

薪ボイラーで勢いよく燃える竹。日々の燃料として欠かせない存在だ。

畑の恵みを暮らしに活かす

太陽の光エネルギーを植物を通して人間が享受する、もっともわかりやすい形が野菜や穀物、果樹といった作物です。我が家では、家の目の前に広がる20aの農園で野菜や果樹を育てているほか、竹林の裏にある田畑で、小麦、大豆、そば、トウモロコシを育てて収穫しています。といっても、私たちは農家ではないので、すべて自家消費のために作っているものです。

農園で育てている野菜は、タマネギ、ニンジン、ジャガイモ、ナス、ピーマン、トマト、サトイモ、ショウガ、キクイモなどなど、毎年30種類ほど。西洋野菜も一部ありますが、基本的には、日本の食卓でよく使うオーソドックスな種類がほとんどです。くわえて、数十種類のハーブを農園内で混植していて、それらも暮らしの中で活用しています。

そうした日々の畑の恵みは、妻の千里が腕を振るってくれるおかげで、美味しい料理、保存食、加工品へと鮮やかに姿を変え、食卓を豊かにしてくれています。そのため我が家では、野菜を購入して食べるということはほとんどありません。

農園が雪で覆われてしまう冬場でも、温室で採れる葉野菜とヤーコンなどの保存野菜、保存食があるため、自家栽培野菜を食べて過ごすことができています。農園で採れた高菜、野沢菜、ザーサイ、白菜は漬け物にして、冬の間、少しずついただきます。大根は、切り干し大根にしたり、沢庵にしたり、収穫時期が終わった後も長い間、豊かな味わいを楽しめます。冬の間、重宝するのは南米野菜でダリアの仲間のヤーコンです。収穫したら地下の貯蔵庫に保存して、生で食べるとシャキシャキ

千里が仕込んだジャムやシロップ、ハーブウォーター。バラ、ワイルドストロベリー、スグリ、杏、梅など、季節の恵みをたっぷりと使っている。

とサラダのように春先まで味わえますし、もちろん漬け物にしても美味しい。春から秋にかけては、もちろん旬の野菜がより取り見取りで味わえます。

小麦は、主にパンや焼き菓子用。自家消費するには十分すぎるほどの量が採れるため、お裾分けもしています。ドイツ製の製粉機を用いて使う分だけを都度製粉し、90年前の古道具である粉ふるい器でふるいにかけて使っています。小麦の香りと美味しさは、自家栽培&製粉ならではのものです。

そばは、そんなにたくさんは収穫できないので、年越しそば用として年に一度のお楽しみ。石臼でそば粉を挽き、手打ちそばを作るのが、私の年末恒例の大仕事です。手前味噌ながら、年々、そば打ちの技術も向上している気がしますが、まだまだ奥が深いです。

手前味噌といえば、味噌、醤油、酢、みりんといった調味料も我が家は自家製です。味噌と醤油の原料となる大豆は、自家栽培のもの。大豆が豊作だった年は、お裾分けの分も含め、約50kgの味噌を仕込むこともあります。味噌作りの際、大豆は、屋外の大かまどで竹を燃料にぐつぐつと時間をかけて茹でます。大量の大豆をコンロで煮るには相当なエネルギーを要し、ガス代もかさみますが、かまどで竹材をくべていけば燃料費はただ。吉野

灘の樽職人に作ってもらった樽に仕込んでいる醤油。仕込んで1年しか経っていない醤油の諸味はまだ色が薄く若い。

杉の杉樽で仕込む味噌は、香り高く、とても美味しいです。

醤油は、山梨県甲府市にある創業150年の五味醤油さんに醤油麹をおこしてもらい、杉の木桶に仕込んでいます。2年間じっくり熟成させていくため、ふたつの樽で仕込み、毎年交互に1樽分を再生した古い醤油絞り器で絞り、消費していくようにしています。

我が家の酢は、自家製の柿酢です。晩秋にたわわに実る柿を200個ほど、2Lの保存瓶7個分を仕込めば、1年分が賄えます。熟した柿を容器に入れて発酵するのを待ち、20日〜1ヶ月間ほど経って、液体と固体が分離するようになったら、濾して完成。簡単に作れて手間いらずですし、一般的なお酢よりもコクがあり、フルーティーでまろやかな酸味なので野菜料理にもよく合います。

四季折々に実りをつける農園では、フレッシュな状態で食べるのが追いつかないことも多いです。そのため、千里は、旬の加工品作りにも熱心に取り組んでいます。例えば、色とりどりのジャムやシロップ。ブルーベリー、レッドカラント、スグリ、スモモ、杏、梅、クリなど、季節の果実や花を砂糖とともに煮詰めたもので、「そのもの本来の色をしっかり残したい」ということにこだわるのが彼女流。季節の色を封じ込めた瓶は、宝石のごとく鮮やかです。

彼女の暮らしに彩りを添えるものとして、多種多様なハーブの存在も大きいです。ローズゼラニウム、ダマスクローズ、レモンバーベナ、ホーリーバジル、カレンデュラをはじめ多彩なハーブは、ハーブティー、ハーブウォーター、エッセンシャルオイルにして香りや味わい、効能を楽しんでいます。そんな千里のために冷却器などの実験器具を集めて組んだのが蒸留器です。

一般にセットとして売られているハーブの蒸留器は、十数年前は高価でとても手を出せるようなものではありませんでした。学生時代、測定装置の検定液などを自作していた経験があったので、実験器具の種類や用途、取り扱い方を私は知っていました。そのため、セットではなく、バラで中古部品で手に入れて、自分で装置を組めばそんなに高いものではないと思い、自作したのです。中古の冷却管や大きなステンレス製密閉鍋、実験スタンドなどを手に入れて、大量のハーブを蒸留できるように装置を組みました。

ほかにも、マリーゴールドや藍の生葉を染料にして草木染めをしたり、ドライフラワーやリースを作ったり、アルコールにハーブを漬けてチンキにしたりなどなど。千里は日々

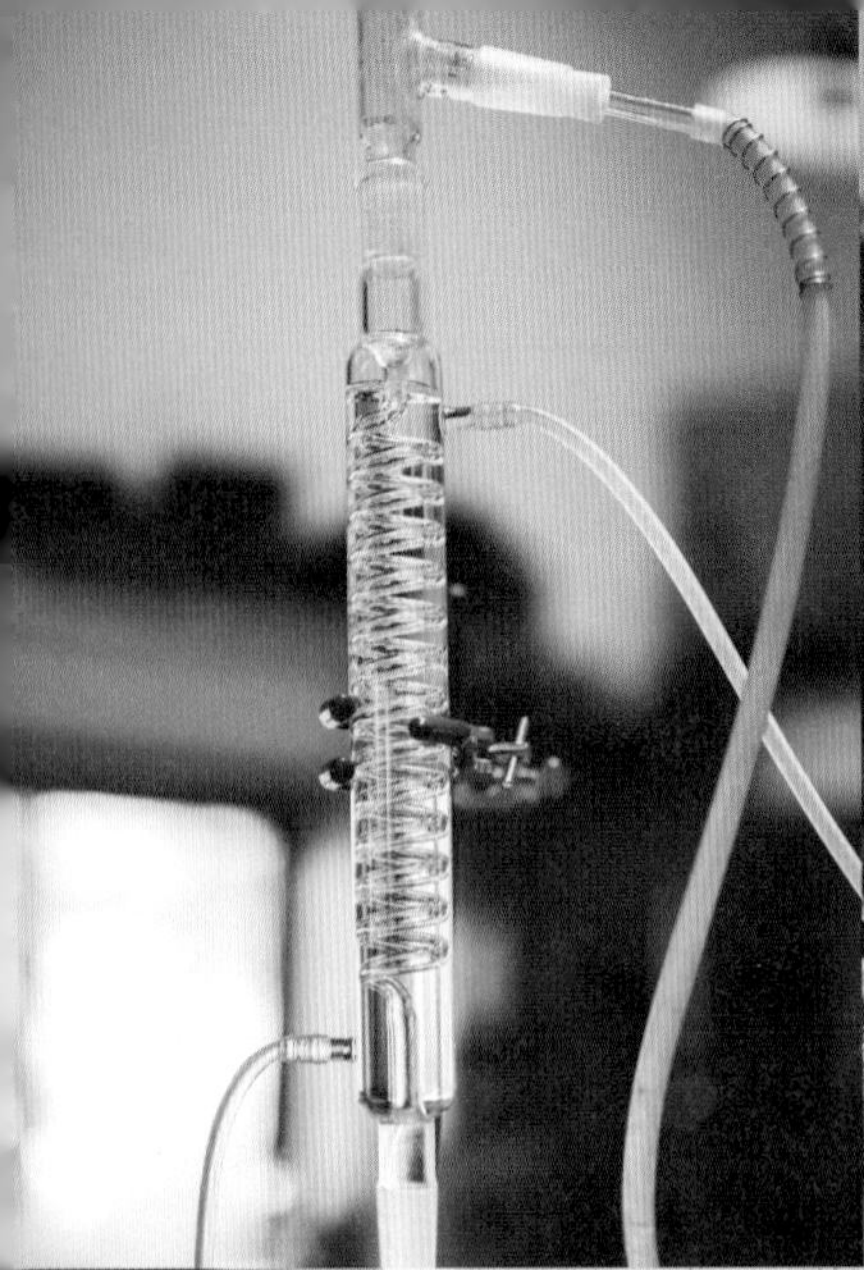

蒸留器はパーツを別々に集めて、自力で組み立てたもの。大きなステンレス製密閉鍋に穴を開け、チューブを接続できるように金具を取り付けた。鍋に水を入れ、すのこの上にハーブをたっぷり詰め、蓋で密閉し火にかける。沸騰すると、蒸気とその熱で揮発したハーブの精油が接続したチューブを通り、冷却管に蒸気が流れ込んでいく。ガラスでできた冷却管内部はらせん構造で、冷却管とらせん管の間を通る冷却水によって蒸気が冷やされて蒸留される。上澄み液である精油と、下に溜まるハーブウォーターを分ける容器にある程度量が溜まったら完成。

とても楽しそうに、農園で採れた恵みを様々な形で暮らしに活かしています。

私たちが暮らすことで集まるゴミや排泄物、掃除機で集まった塵、庭の落ち葉、木工作のおが屑、飼っている動物たちの糞や尿。これらは一見汚い物かもしれませんが、実は栄養素やエネルギーが詰まったもので、発酵熱も微生物が緩やかに引き出したもの。それらは微生物の糧となり、土の素である堆肥ができ、土ができていきます。またその土で美しい野菜や穀物や果樹、ハーブが育ち、それを繰り返していきます。生と死の繋がりの連続による循環の輪は、いのちがいのちを生み、物質やエネルギーを集め蓄え、必要なものをお互いに引き出し合うことで持続可能な仕組みとなっているのです。

この、いのちの無限のループを愛《め》で、必要な物を引き出せる仕組みこそが本当の豊かさだと私たちは考えます。

道具をあつかう

我が家のような農的暮らしをしていると、二週間に一度は、何かが壊れます。農機具、動力機、家具、調理器具、工具など。物が壊れたら捨てるか、修理に出すという人がほとんどだと思いますが、二週間に一度の頻度で壊れるたびに修理に出していては、コストも時間もかかりすぎます。もちろん、買い換えるのももったいない。では、我が家ではどうしているのかというと、自分で直して使っています。自分で修理して、愛着を持って物を長く使うことは、持続可能な暮らしに必要な姿勢だと考えてもいるからです。

修理することのメリットは、コストカットやエコという観点だけに留まりません。生活技術の習得や文化の継承になるのです。修理することで得られる情報量は、何ものにも代えがたいものだと私は思います。

直す時は、そのものをよく観察します。何の素材なのか、どうやって作ったのか、どういう構造によってどうやって強度が保たれているのか。そういうものを読み解いて修理すると、いろいろなことが理解できるようになっていきます。本や文章を読んで理解することには限界がありますが、自分が体感して得た知識は、血となり肉となっていきます。ある意味、百科事典よりも価値のある情報が、修理体験には詰まっているのです。そうして修理経験を積むことで、技術をどんどん高めていくことができます。例えば、単純なクワやカマを修理して基本的な素材や構造を学んだら、その次はもっと複雑な構造のものを直せるようになっていくでしょう。

そして、古道具や中古品の場合は、前の使い手を想像することも、重要な学びの体験です。例えば、同じクワを使っていても、持ち主によって壊れ方、すり減り方、柄の長さや角度は違ってきます。前の持ち主は、これくらいの身長でこんな風に使っていたんだな、といった風に、行間から読み解ける情報がたくさんあって、そこからも生きた智恵を得ることができます。

母屋の目の前には、木工、鉄工、石工、機械修理といった一通りの作業をこなせる小屋があり、農機具から動力を要する農業機械に至るまで、自家道具のほぼすべてを自ら修理・整備、そして、設計図を起こし自作もできるように、暮らしの持続可能性を高めています。そんな様子を見て、「四井さんだからできるんでしょう」とよく言われるのですが、そんなことはありません。便利な現代社会では、人が技術を磨く環境がなくなってしまったけれど、かつては誰もがあたりまえのように暮らしの基本的な生活技術を持っていて、直す技術も特別なものではありませんでした。農的暮らしは、現代社会でそれを実現する生き方なのだと思います。そうした実践者が増えていけば、社会の持続可能性や能力の多様性も生まれていくはずだと私は考えています。

古道具は暮らしの教科書

　昭和の中期、戦後までの暮らしの風景が美しいのは、大量生産品のプラスチック製品がないからです。職人さんたちがひとつひとつ丁寧に作った手作りの品や道具が集まって、暮らしの風景を作っていたのです。佇まいの美しさ、そしてその確かな実用性から、私はそうした古道具に心惹かれ、暮らしに必要なものを集めてきました。希少性のあるものも少なくなく、また、種類が多岐に亘っているため、まるで博物館のようだといわれることもあります。

　普段、地域の古民家解体現場や古道具屋、リサイクルショップ、ネットオークション、長野県諏訪市の「リビルディングセンタージャパン」などで手に入れている古道具ですが、購入した時には壊れていたり使い方がはっきりわからないというものも少なくありません。マニュアルのない古道具は、使ってみてあとから答えがわかるおもしろさもあるのです。古道具を手に入れる時や修理する時は、修理可能かどうか、どんな時代のどんな人が作ったのか、制作意図はなにか、どんな構造になっているのかなど、様々なことを観察し考えます。こうやって得た知識や修理経験は、暮らしに必要な物を自作・改良するなど独自のライフスタイルを作り上げる原動力にもなり、経験を重ねることで自信がついていきます。そして、手作りする文化が根付いていた時代の道具たちが息を吹き返すことで暮らしの景色を生み、私たちの暮らしにさらなる持続可能性を与えてくれます。

　本来、こうした暮らしの技術は、郷土資料館や教科書で

昭和初期から中期に使用されていた人力の農機具をリペアしたり、改造したりして農作業に活用。種まき機、肥料散布機、液剤散布機など様々な道具がある。

学ぶようなものではなく、祖父母や両親、家族のリアルな暮らしから学べるものであったはずです。暮らしを維持していく中で、生活文化の継承というものが自然に行われてきたのです。でも、暮らしよりもお金を稼ぐことが重要になってしまった現代では、本来の暮らしが消え、文化継承もなくなってしまいました。そのような時代に教科書になるのが、古道具なのです。

文化を継承するという目的のために、いつか使うかもしれない、という古道具も所有しています。例えば、牛に引かせて田畑を耕すためのスキ。今のところ牛を飼う予定はありませんが、この先、世界情勢次第では石油が入手できない時代が訪れて、牛耕が役立つことだってあるかもしれません。そんなことのために道具を揃えるのは無駄なように思えるかもしれませんが、重要なのは、これらの道具は現代ではもう作られていない、ということです。iPhoneを自作することはできませんが、スキやクワなら構造を読み解けば、自分で複製することもできます。すなわち、古道具自体が、過去のすばらしい道具を生み出すための設計図であるわけです。

とはいえ、骨董品コレクターではないので、なんでもかんでも集めているわけではありません。手に入れるのは、機能的に役立つというだけでなく、予備部品としてや、今では作るのが難しくレスキューする必要性を感じるもの、デザイン的に参考になるものなど、様々な目的があります。私にとっての古道具とは、あくまで、持続可能な暮らしにおける実用品としての道具なのです。

骨董品のような古い農機具も、私にとっては実用品です。近代農業の道具や機械といえば、電子部品が組み込まれていて自力では直せなかったり、プラスチック製のパーツが多く劣化しやすかったりするものがほとんどです。便利ですが、持続可能性は高くありません。私が実践しているのはあくまで農的暮らしであり、農業を目指しているわけではありません。だから、トラクターなどの農業機械も必要に応じて使いますが、手作業で事足りる時は、手動式の道具を使いたいと思っています。そうした道具は、現行品よりも古道具のほうがあらゆる点で魅力的であるケースも多いのです。

農機具を含む暮らしの道具として、私が一番素晴らしいと感じるのは、戦前から自分が生まれた頃の昭和40年代までに作られたものです。実用的でデザイン性に優れていて、壊れても自分で直せるところが魅力です。購入後そのまま使うことは稀で、自分の手でリペ

大小様々な竹籠をはじめ、様々な民具がそこかしこにある我が家。もちろん、いずれも飾りではなく実用のものだが、こうした手作りの道具と手作りの暮らし方によって美しい暮らしの風景はできていくのだと思う。

アや改造を経た上で、ようやく使い始めます。

例えば、お気に入りの種まき機は、昭和40年代後半に作られたもの。上のポッパー部分がプラスチックだったため、型を取り、アルミ板を板金してオーバル型のデザインに作り直したものに付け替えています。畑の中耕(作物を栽培中に、株間や列の間を軽く耕すこと)に使う手動のカルチベーターは、古いアメリカ製のものを改造し、最新式の中耕の刃を取り付けられるようにしました。車輪の後ろに五本爪がついていたのですが、市販の替え刃を取り付けられるヘッドを製作し、中耕用のホー(三角形の刃がついた除草用の鍬)に付け替えて楽に広い面積を中耕できるようにしました。

ほしいものがない時は、自作もしています。例えば、カマ。自分の手にフィットするものがほしくて、裏の森でリョウブの木の枝を拾い、削って柄を作りました。それに既製の刃と金輪を装着すれば完成です。微妙な曲線と手触りで高いグリップ力を実現できた上、自分で作った分、愛着も大きいです。また、薪収集用キャリーは、英国製自転車「アレックス・モールトン」からデザインの着想を得て作ったものです。三角形を繋ぎ合わせたトラス構造を活かし、書き起こした簡単な設計図通りに溶接して製作しました。こだわりは、薪の安定性。キャリーを置いて立てる時も、手でキャリーを引いて横にした時も、積んだ薪が安定する角度や持ち手の感覚を重視しました。その結果、使い勝手のいいキャリーに仕上がっています。

ほかにも、リアカー、散布機、土ふるい機など様々な農機具を自分で改良していますが、ここで役立つのが鉄工の技術です。錆びたり、傷んだりした古い機具も、溶接によって補強できたり、新たなパーツを取り付けて改良したりすることで、実用品として生まれ変わります。日本のＤＩＹは木工が中心でしたが、鉄工の溶接などを取り入れるとできることの幅もぐっと広がります。それに、いろいろな素材を扱えるようになると、暮らしの景色にも多様性が生まれるという副産物もあります。

特に、ラフに使われることの多い農機具は、自分でリペアできるようになっておくと使い捨てが減り、持続可能性は高まります。その上でもやはり、構造がシンプルな人力の道具は役に立つというわけです。

農業機械はリーズナブルに活用

　手作業で済む時はそうしていますが、動力を要する農業機械を使ったほうがいい場面については、我が家では導入するようにしています。特に、大豆、小麦の栽培、収穫、脱穀作業では、機械の力に頼らずして行うことは面積が広い場合難しい。耕耘機、収穫バインダー、脱穀機、脱ぷ機（籾から籾殻を取り除き、穀物の調整をする機械）など、長い時間をかけて少しずつ中古の機械を集め、使用しています。

　農業機械が揃うまで、大豆の収穫は本当に大変でした。手で刈って、乾かして、足踏み脱穀機で脱穀し、大正時代の農機具・唐箕（とうみ）を使って豆を選別。それを毎回、家族総出で数日がかりで作業してヘトヘトになっていました。思い出しても地獄のような作業です。大豆だけを育てているのであればそれでもいいかもしれませんが、日々やるべき作業はほかにも山ほどあります。それぞれの作業時間が短縮できれば、一日にこなせる仕事量が増えるわけですから、機械を入れるメリットは大きいのです。実際、機械を導入してからというもの、作業効率は何倍も上がりました。

木工、鉄工、石工をするための一通りのDIY設備を整えた作業小屋。自家道具のほぼすべてを自ら修理・整備、そして設計図から製造も行う。

パーマカルチャーを考えたビル・モリソンも、農業機械には否定的ではありませんでした。理想を思い描くことは大切です。でも、総じて考えた時に自分にとって持続可能なことなのかどうかを、やはり客観的に考えて都度、選択することが重要だと思います。

我が家の暮らしには、農業機械が必要でしたが、その一方でそこにコストをかけたくないという思いもありました。農業機械を導入するためお金をかけたとしても、農業を生業にしているわけではないので、その分のコストを回収することはできません。また、お金を使えばそれを取りもどすためにお金を稼ぐための仕事の時間が長くなってしまって、暮らしのための仕事の時間は短くなってしまいます。そうなってくると、何のためにやっているんだろう?という疑問が生じ、本末転倒な状況に陥りがちです。

それも理由でリーズナブルな中古機械を入手しています。農業機械は数万~数十万円するものも多いですが、私の場合、ネットオークションやリサイクルショップで大体3千円~1万円程度のものを探して、仕入れます。安値の理由は、大抵どこかしらに不具合があるから。それを自分で整備・修理して、必要十分な性能を引き出して使っています。

例えば、大豆の脱粒機であるビーンスレッシャーという機械。現行品だと十数万円する

DELTA

ものですが、ある時オークションで現状引き渡し1万円で出ていたものを落札しました。コンベアになっている投入口の搬入ベルトが破損して使えない状態で、しかもメーカーのサポートが終わっている部品だったのですが、これは絶対に入手できると確信。そして、幅と長さを指定すればベルトを作ってくれるという工場を探して発注し、それを自分で部品交換して、無事に直すことができました。かかったコストは1万円と、機械の運搬費3万円、発注した部品代数千円です。それによって、作業効率が格段に上がったので、実費以上の価値は十分あったと思います。

学生時代の趣味がオートバイだった私は、10代の頃から機械いじりに夢中でした。マフラーやキャブレターを変えて、ピストンを交換して、あらゆるカスタムを楽しんでいました。愛車のバイクは単気筒エンジンだったのですが、実は農業機械のエンジンも同じ構造です。そのおかげで、マニュアルを見なくても自分で修理することが可能になっています。自分で直せるという自信があるからこそ、安く仕入れ、長く使うことができているのです。

最近、高校生になった長男が原付バイクの免許を取ったので、一緒にバイクの修理やメンテナンスをしたり、近所をツーリングに出かけたりして楽しんでいます。そうやって、自分が若い頃に習得した遊びや技術を今、子どもたちに継ぐことができています。子どもの頃から農業機械の修理を見せたり簡単なことは手伝ってもらっていたので、機械いじりの飲み込みが早く、こういうところにも生活文化の持続可能性が生まれることを実感しています。これまでの生活実験の経験や技術や知識、道具たちは引き継がれていくことでしょう。ここにも、後で述べるいのちの仕組みが働いているのです。

PERMACULTURE LIFE DESIGN

CHAPTER — 4 —

第4章

いのちとは40億年続く仕組み

いのちは集め、蓄えるもの

2章で記述したとおり、我が家の農園の開墾は、苦労と失敗の連続でした。しかし、そのおかげで多くの気付きやヒントがあったのは紛れもない事実であり、切望し続けてきた私なりのパーマカルチャーの原理にも辿り着くことができました。そしてそれはパーマカルチャーに限らず、地球に生まれた「いのちの仕組み」の原理でもあったのです。4章では、そんな私が辿り着いた原理について、語っていきたいと思います。

家の雑木林を開墾した場所は、栄養素の多くが樹体に移動してしまい、土の栄養素が希薄な状態になっていて、大きな樹木が生えていた土地とは思えないくらい最初は作物が育ちませんでした。そんな森の土壌に毎年堆肥を入れて作物を栽培していると、だんだんと土が黒くなり団粒構造ができて、年々作物が生育しやすくなっていきました。そんな土作りと作物の様子を見ていたら、土の表土も作物も「栄養素が集まって蓄積されている」というイメージが湧いてきました。その様子から、私はある気付きを得たのです。すべての生命に普遍的な機能が何かを考えれば、「いのちとは何か?」という、人類にとっての永遠の問いに答えが出るのではないか、と。

生態系には多様性が大切であり、例えば食物連鎖の生産者、消費者、分解者というような性質や役割の違いにより、生物界の循環の仕組みが成り立っています（図P236上）。そのことについては日々意識をして、場作りに励んでいましたが、それらすべての「いのち」における普遍的な機能という視点は、その時まで私にとっては皆無でした。しかし、その視点に気付き、微生物から植物、昆虫、動物、人といったあらゆるいのちについて改めて見つめ直した時、共通する機能があることに私は気付きました。

それは、「集め、蓄える」ものだということです。生きものはお腹がすくと食べ物を探し食べる、つまり、集めています。そして、その栄養素とエネルギーで体を作り、古い細胞と新しい細胞を置き換えることで体を維持する、つまり、蓄えています。そして、死ぬと何が起こるかというと、体は維持されなくなり、腐り、分解され、拡散します。

つまり、生と死とは何かというと、生は集め、死は拡散するということで説明できると思ったのです。また、生きものが集めたものが死んで拡散すると、またそれをほかの生きものが集めて再び「生」となり、やがて「死」を迎えます。その生と死の繋がりが循環に

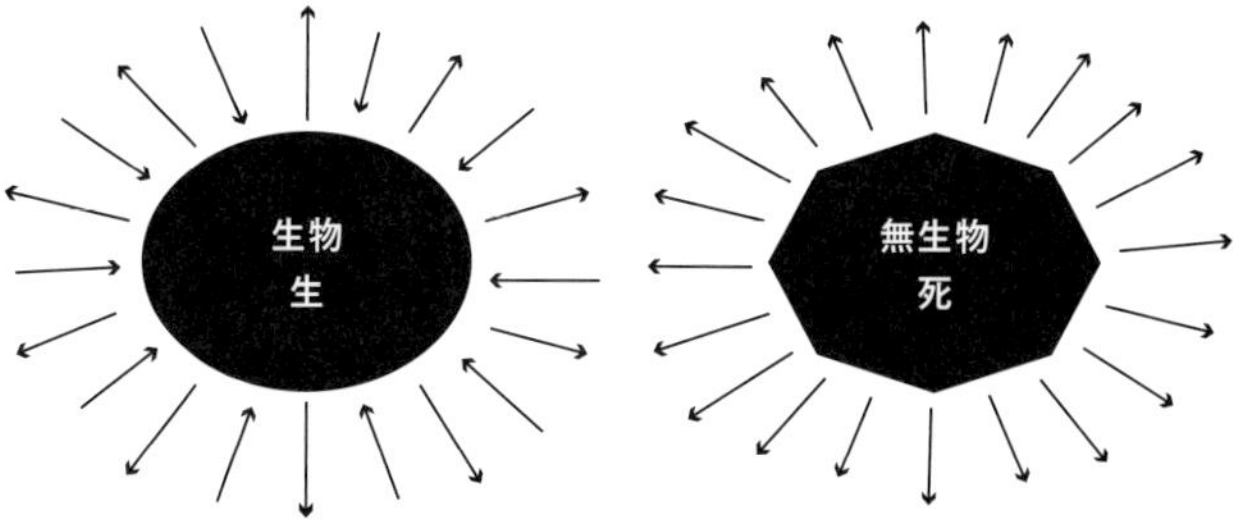

生物と無生物　すべての生きものに共通する機能

なり、「続く仕組み」になっている、それこそが「いのちの仕組みではないか」とハッとしたのです。

同じようなことを考えている科学者や哲学者がいるのではないかと思って調べてみると、「ガイア理論」を提唱した科学者のジェームス・ラブロックや、「散逸構造論」を唱えた物理学者のイリヤ・プリゴジンに辿り着きました。

ガイア理論は、地球と生物が相互に関係し合い、地球全体の自己調節システムを形成していることを「巨大な生命体」と見なす仮説です。ガイア理論は学生の頃に知ったのですが、当時学校で習った生命の3つの定義「外界と膜で仕切られている」「代謝を行う」「自己複製する」を信じ切っていた私は、さすがに地球の自己複製は無理だろうから、あたかも生命体のように見えるだけなのでは、と考えていました。

しかし、この地球に生命が生まれて40億年、光合成をするシアノバクテリアが発生し大気に干渉するようになって30億年、自己調節システムは「続く仕組み」として確かに存続してきました。いのちとは単なる「続く仕組み」であり、生命は〝生身の〟続く仕組みなのだと理解すれば、ガイア理論があらためて腑に落ちたのです。地球は生命体ではないけれどいのちの仕組みが機能していて、それはそこに棲む無数の小さな生命の働きの巨大な繋がりが入れ子構造を作ることで、いのちとして機能しているのだと理解したのです。

自己組織化から続く仕組み

一方、イリヤ・プリゴジンによる散逸構造論も、いのちの仕組みについて考える上で、大変重要な視座を与えてくれました。科学界では、有機・無機の万物事象は、熱力学の第二法則として知られる「エントロピー増大の法則」によって支配されているといわれてきました。エントロピーとは無秩序な状態の度合を数値で表すもので、法則性や秩序が保たれている状態ほどエントロピーは低く、無秩序な状態ほどエントロピーは高くなります。コップのような閉じられた空間に水が入っていて、そこにインクを一滴落とすとインクはやがて拡散していき（エントロピーが増大）、薄まった色のままになります。物事を放置しておくと秩序を失ってカオスへと変化していき、エントロピーは常に増大し続けてやがて平衡状態（エントロピー最大の状態、変化がなくなり安定した状態）になり、外から刺激を加えてやらない限り自発的にエントロピーを減らすことはできません（不可逆的）。これを「エントロピー増大の法則」といいます。

しかし、この法則に沿って考えると、放っておくと世界は無秩序に向かっていき平衡状態となり、動きのない状態になると考えられているのにもかかわらず、自分自身の身体、生物や地球の仕組みは秩序が形成されていて、時間の経過とともにより組織化されているではないかとイリヤ・プリゴジンは疑問を持ちました。

そして、それがどのように起こっているのかを説明するために非平衡開放系(エネルギーの出入りがあり平衡状態にならない状態にある空間)においては、エントロピーに逆行して秩序が形成される可能性を探究しました。数々の実験を通して結論を出し、理論化したのが「散逸構造論」でした。ちなみに、この理論で、イリヤ・プリゴジンは1977年のノーベル化学賞を受賞し、その後の物理学に大きな影響を与えました。

「散逸構造」は、動きのない平衡状態のカオスでなく、動きのある非平衡状態のカオスにおいて、流入するエネルギーと、内部で消費されるエネルギーがバランスを保つように働くことで一定の構造が現れ、物質間の出会いや相互作用が働きやすい非平衡開放型の状態にあります。そしてその中で、確率論的に起こりそうもない現象が起こる「ゆらぎ」が起こり、秩序が発生し、秩序が秩序を生むことの「ポジティブフィードバック」(好循環)が自己組織化していくことでバランスを保つようになるということを、イリヤ・プリゴジンは唱えました。なお、自己組織化とは、物質や個体が、個々の性質による相互作業により、結果として組織が自ら組み立っていくことを意味します。

その散逸構造を踏まえ、私はこのように理解しました。広い宇宙空間の中でそれぞれ起こったゆらぎによる自己組織化は、原子や分子、星、ブラックホール、銀河など様々な物や仕組みを生み出しました。そして、その延長線上にさらに起こった自己組織化から、地球という散逸構造の中に、「続く仕組み」として生命も生み出されたのであり、続き続けることができたから現在も存在しているのではないか、と。

自己組織化はこれまでに多様な物質や仕組みを無数に生み出し、あるところで終わってしまう仕組みもあれば、いつまでも続く仕組みになったものなど、様々な存在や仕組みが生まれたのだと思います。

そのようにして生まれ、さらに自己組織化が進んで作られたものが「生命《せいめい》」なのではないかと私は考えています。

続く仕組みの「いのち」から「生命」へ

生命の起源においては、様々な仮説が提唱されてきました。神が世界や生きものを創ったとする「超自然説」から始まり、無生物から生まれる「自然発生説」、宇宙から飛来したという「宇宙飛来説」、原始の地球において、低分子化合物から複雑な生体関連分子が生成され生命が誕生したとする「化学進化説」など様々な説が考えられてきましたが、散逸構造論から考えるとやはりそれは「化学進化説」が自然な流れでしょう。

その中でも代表的なものとして、アミノ酸からタンパク質が自己組織化で作られ、それが触媒として働き、核酸を生み出し生命の起源となったという「プロテインワールド仮説」や、まず初めに自己複製機能と様々な触媒機能を持つＲＮＡ分子が出現しその進化の結果、タンパク質や様々な生命の構造を形作ってきたとする「ＲＮＡワールド仮説」があります。

原始地球の太陽光度は、現在の70％でした。一方でその頃の大気は二酸化炭素が多く占め、その温室効果により気温は80℃以上になっていたのではないかとＮＡＳＡは推測しているそうです。そのような原始地球の表面には水が存在しており、そこに溶け込んだ二酸化炭素とメタンに太陽から降り注ぐ紫外線が当たると、遺伝子の部品である核酸塩基やアミノ酸、単糖の一種であるリボースが合成されることが実験室で実証されています（1994年京都大学化学研究所・木原壮林発表論文より）。私は、それら低分子化合物、つまりシンプルな構造のRNAから自己組織化し、生命が生まれたのではと考えており、RNAワールド仮説を支持しています。

一重らせん構造のRNAは二重らせん構造のDNAよりも不安定で、その遺伝情報の複製のミスが起こりやすく旺盛に複製し続けられては壊れるという流れ（散逸構造）の中で、コピーミスされたRNAパターンの中にゆらぎが起こり、様々に進化するものが現れ、多様性が生まれました。RNAが複製し続ける仕組みは「続く仕組み」であり、先に述べた「いのち」が生まれたのです。そして、いのちは複製し続けることで散逸構造となり、そこにさらにゆらぎが起こり進化し、自己組織化によってさらに続く仕組みを強化していくのです。

それは、RNAを取り巻く環境にある水素や炭素、酸素、リン酸などの自らの材料を集め複製し続ける仕組みであり、RNAはDNAより不安定な物質なので大量に複製しては壊れるということを続けていたようです。やがてそれは自己組織化と進化により複雑な二重らせん構造のＤＮＡを形作り、安定した形で遺伝情報を蓄えたり、その情報をもとにアミノ酸や酵素、タンパク質を合成し原始的な細胞の構造を作れるようになったりすることで、生命へと進化したのだと考えられます。

このようにして誕生した生命は、それぞれの相互作用によっても在り方を変えることができます。生命同士の掛け合わせや置かれている環境との相互作用による自己組織化によって、群や生態系を形成していくのです。そして、それらの小さな生命の繋がりが、さらに大きな「続く仕組み」を形成して、それはまたさらに続く仕組みである「いのち」を機能させ、入れ子構造を作り出します。

自己組織化によって、低分子化合物で構成されたＲＮＡが絶えず複製され続けられる「続く仕組み」は進化し、より「続く仕組み」へとポジティブフィードバックします。その仕組みの設計図は、安定したＤＮＡという形で保存できるようになり、やがて遺伝情報から細胞のような複雑な構造が作られるようになり「生命」へと進化していったのだと考えられます。そして、その生命の「続く仕組み」は、さらにポジティブフィードバックの自己組織化により進化していきます。個体である「生命」は群や生態系を形成し、個から系へと散逸構造を入れ子構造状に発達させることで、個の集まりに続く仕組みの「いのち」が機能するようになります（図P236下）。こうして「続く仕組み」のポジティブフィードバックが続いていくのです。これはまさに1章で述べたガイア理論の地球の状態です。それにより持続可能性を高めることで、永遠ともいえるような40億年もの長い時間、続いてきたのだと思います。物質を集め、蓄えるということを続ける仕組みである「生命」は、身体や森のような群集を作り、世代交代することで種や生態系を維持しているのです。

個体や生態系が維持されることについて、分子生物学者・福岡伸一さんの『生物と無生物のあいだ』（講談社／2007年）を読んだ時に、理解がさらに進みました。アメリカの生化学者であるルドルフ・シェーンハイマーが、生物の体内での代謝を追跡する方法を考案した時に発見した「DYNAMIC STATE」を、『生物と無生物のあいだ』では「動的平衡《どうてきへいこう》」と日本語訳し、「生命とは動的平衡にある流れである」と説明しています。生きものは食べ物を食べて自らの体を形作っていますが、体を構成する細胞が古くなると古い細胞と新しい細胞を入れ替えることで、体を維持し、ほぼ同じ形、同じ機能で存在し続けられる仕組みになっています。つまり、原子を常に入れ替えることで形や機能を維持している「動的な平衡」状態であり、入れ替わりの流れになっているといえるのです。

単なる続く仕組みである「いのち」が「生命」になるのは、どういう段階なのかというと、大量に複製しては壊れることを続けてきたＲＮＡが無数に複製され続けられる単なる「続く仕組み」になり、複製され作られるもの自体もその構造を維持する動的平衡になった時に生まれるのではないか、と。そして、「個」という存在に発達し、それ自体が散逸構造となったのではないか、と『生物と無生物のあいだ』を読んだ時にパズルのピースがはまったような感覚になったのです。そして、個を維持することができるようになると、さらに物質やエネルギーを「集め、蓄える」という留める量が増えたり、時間を長くしたりすることへと繋がり、そこからポジティブフィードバックが生まれていきます。いのちは生命になり、生命は生態系（いのち）を作ります。つまり、散逸構造の入れ子構造の連続が自己組織化されていくことで、「続く仕組み」が強化されるのです。

宇宙には無数の星が存在していて、その数と確率から考えるとどこかに生命が生まれ、知的生命体も存在するのではないかということがいわれています。しかし私は、それが必ずしも地球の生きもののように遺伝子を基にしたものであるとは限らないと思っています。私たち人間の想像では考えられないような、もしかしたら動的平衡という手段以外の持続する仕組みが自己組織化によって形作られているかもしれません。

広い宇宙の中で起こってきた様々な散逸構造で起こる様々なゆらぎは、その先でさらに起こる自己組織化によって様々な物や仕組みを作ってきました。そのひとつである生命は散逸構造の連続の入れ子構造をつくることで持続し、40億年も続く仕組みとして存在してきている希有な存在であり、私たちはその延長線上にいて活動しています。私たちはその永遠ともいえる40億年続く仕組みに沿って生きている、貴重な存在なのです。

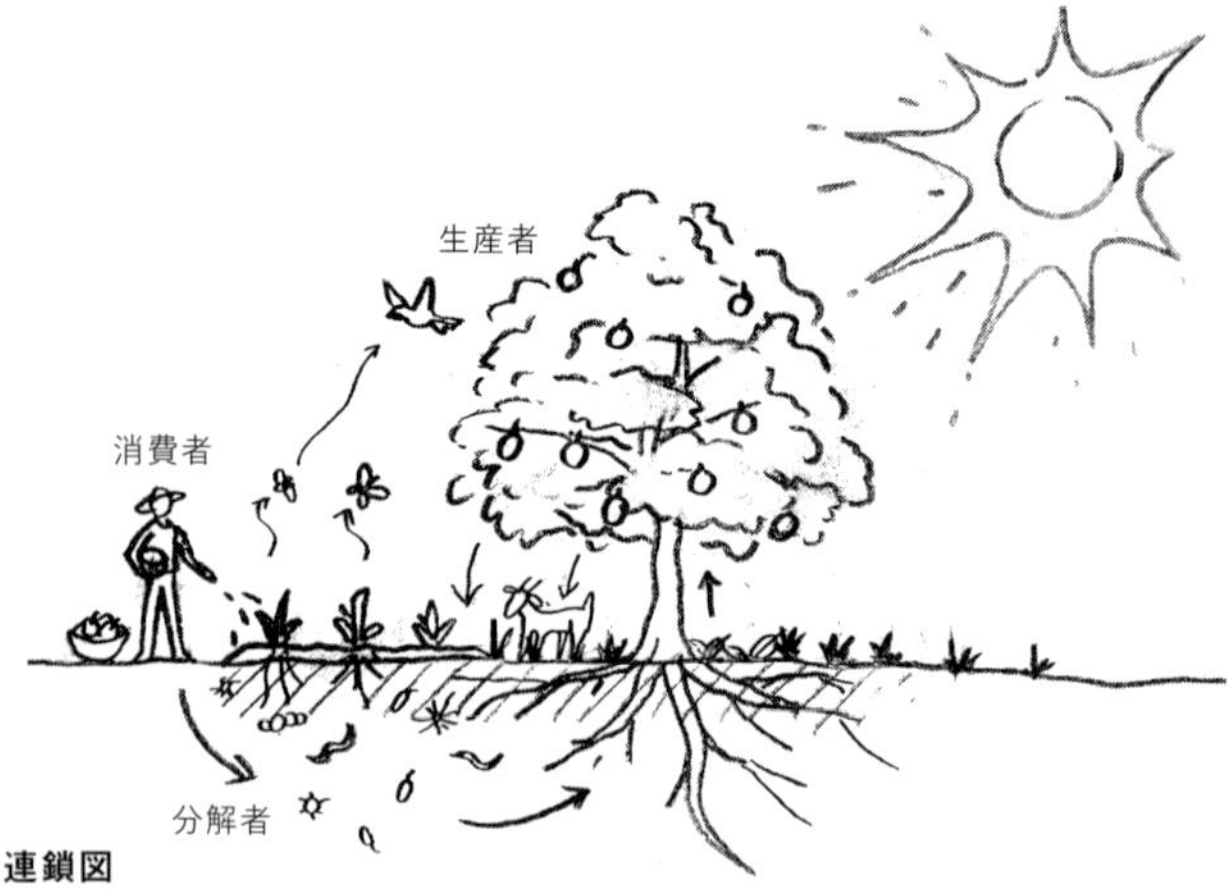

食物連鎖図

地球には太陽光エネルギーが常に一定量降り注がれていて、生産者である植物はそのエネルギーを葉の光合成と、根から集めた土中の栄養素を合成することで有機物を生産している。その有機物を消費してエネルギーや栄養素を得るのが消費者、消費者の排泄物の未分解物や亡骸を分解し、エネルギーや栄養素を得て無機物に分解するのが分解者。地球という散逸構造に一定のエネルギーが降り注がれることが、食物連鎖という循環の秩序を生み出したといえる。

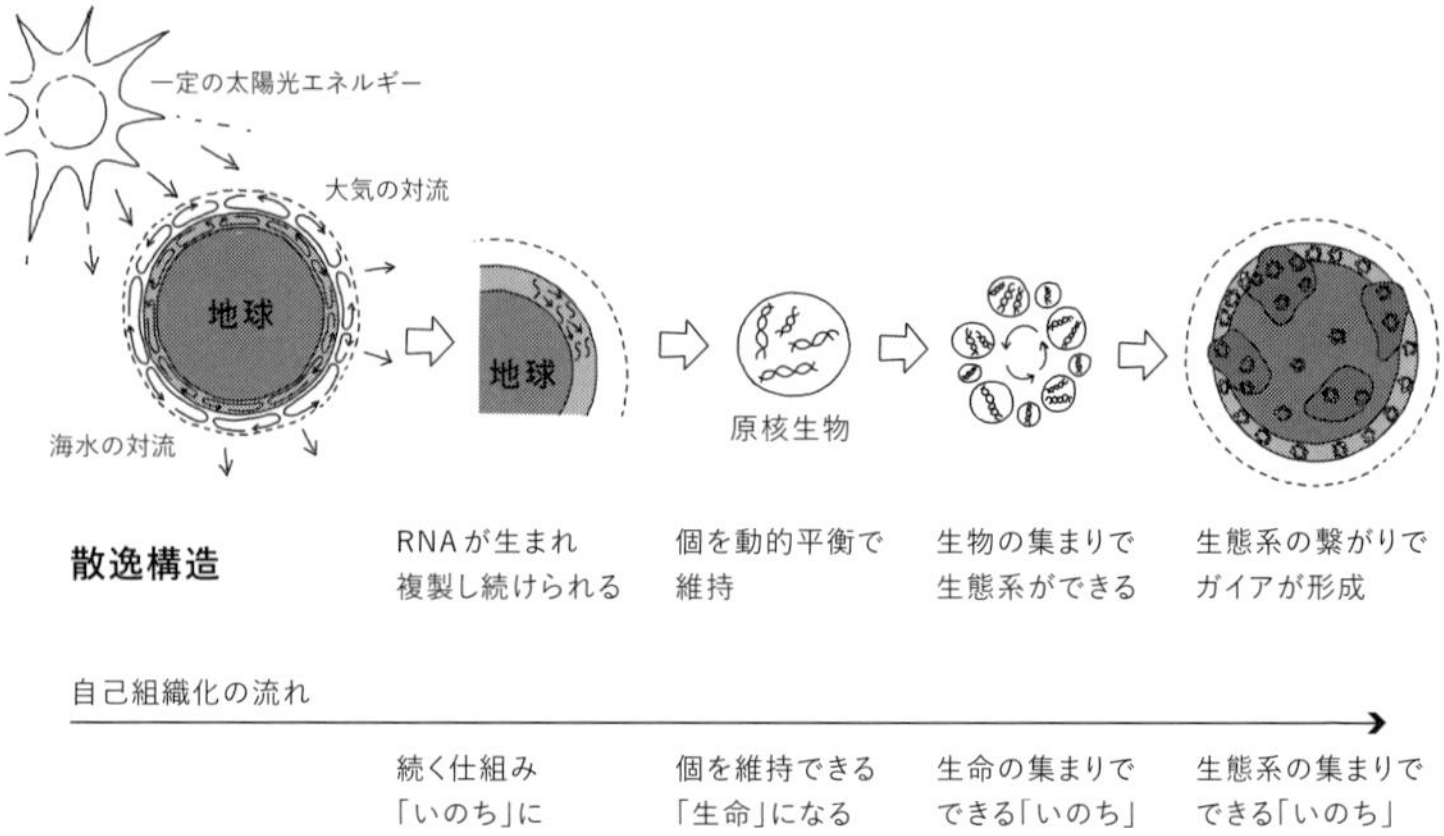

いのちの入れ子構造と生命の誕生

地球という散逸構造に生まれたRNAは複製され続けられるがRNA自体は劣化して個として維持できない。やがて、RNAはDNAという形で遺伝情報を保存できるようになり細胞のような個を動的平衡によって維持できる生きているいのち「生命」となる。その集まりの自己組織化によって生態系を、生態系の集まりは地球を覆いガイアを、と「いのち」の入れ子構造が次々と作られ持続可能性が強化されるようになっている。

生物多様性が意味するもの

地球の歴史は46億年。生命は40億年の歴史があります。今現在、地球上には、確認されているだけで125万種、確認されていないものを推定すると870万種（植物29万8000種、菌類61万1000種、動物777万種。2011年米ハワイ大学カミロ・モラ研究チーム発表データより）に及ぶともいわれ、すべてを合わせると300万種〜1億1100万種（国連環境計画〈UNEP〉による推計）という推計もあります。

生命はもともと進化する機能を持ち得ていたのか、後に備わったから持続してきたのか。どちらが正解なのかはわかりませんが、確実にいえるのは、遺伝子という情報を複製することを基に分身や子孫を残す仕組みは、情報の複製エラーがどこかしら必ず起こる可能性があり、死をもたらすこともあれば、進化をもたらすこともあったということです。長い歴史の中で生命が進化し、多種多様な生きものが生まれていく中で過去には主に5回の大量絶滅に遭い、70〜98％もの生きものが絶滅しては環境に適応することで進化し、多様性を取り戻してきました。生物の多様性こそが環境の変化への適応や自己組織化を促し、生態系を形作ってきたのです。つまり、生物はどのような状況になろうが生き続け、絶えず進化、多様化し、生態系を形作ることで、安定し続くということにポジティブフィードバックするようにできているわけです。

40億年前に海の中で誕生した生命は、その後生まれた多様性によって海の生存可能な環境を埋め尽くし、やがて川や湖へ、そして、陸環境へと上陸し、地球上を覆い尽くしました。

例えば、魚類の進化の歴史を辿ってみても、進化することで多様化し、環境に適応していくことで様々な環境へ広がっていった形跡がうかがえます。ミネラル豊富な海水中では、漂っているだけで生きものはミネラルを得ることができます。ですが、淡水域である川や湖はミネラルが少なく、どうやって必要なミネラルを確保するかということが、海から淡水域への生きものの進出の制限になったと考えられます。進化の歴史から考えても、日々さんさんと降り注ぐ太陽光に比べ、体を構成する物質であるミネラルを確保するのは難しいのです。そこでやがて魚類は、食物から得たリン酸やカルシウムなどのミネラルを骨に蓄え、必要な時にそこから引き出すという進化をすることで、淡水域へ進出することになりました。それは同時に骨を強化することになり、浮力の働かない陸上への進出を可能にするきっかけになったといわれています。

川や湖、砂漠や草原、森林と、地球上には様々な環境があります。その環境によって気温や日射、降水量、土質などの条件はもちろん異なり、それらの制限がかかることで生息できる生きものの種類や量が決まり、そこに進む進化や発達する生態系は制限され、植生遷移は止まります。つまり、生物の多様性は、それぞれの環境において空間を最大限埋め尽くし、砂漠は砂漠、草原は草原、森林は森林の生態系を形成してきたということです。

森林に目線を移すと、生物の多様性こそが空間単位あたりの生物量を最大限にするという事実がよくわかります。この図（P240）のように樹木は、背の高い高木、中くらいの中木、低い低木と立体的な層構造に樹木は棲み分けを行っていて、その木々が作る多様な環境に合わせて鳥やサル、クマなどの動物が生息しています。

地上空間のみならず地下空間も深く根を下ろすもの、中くらいの深さの根のもの、浅く広く根を張るものなど様々な樹木や下草などの根が棲み分けを行っており、深さごとや植物の根の分布などに合わせ、土壌微生物や土壌動物など多種多様な生きものも棲み分けを行っています。そうすることで、地上も地下も生きもので埋め尽くされていて、空間に最

スケールの大小あれど空間が
生命で埋め尽くされている

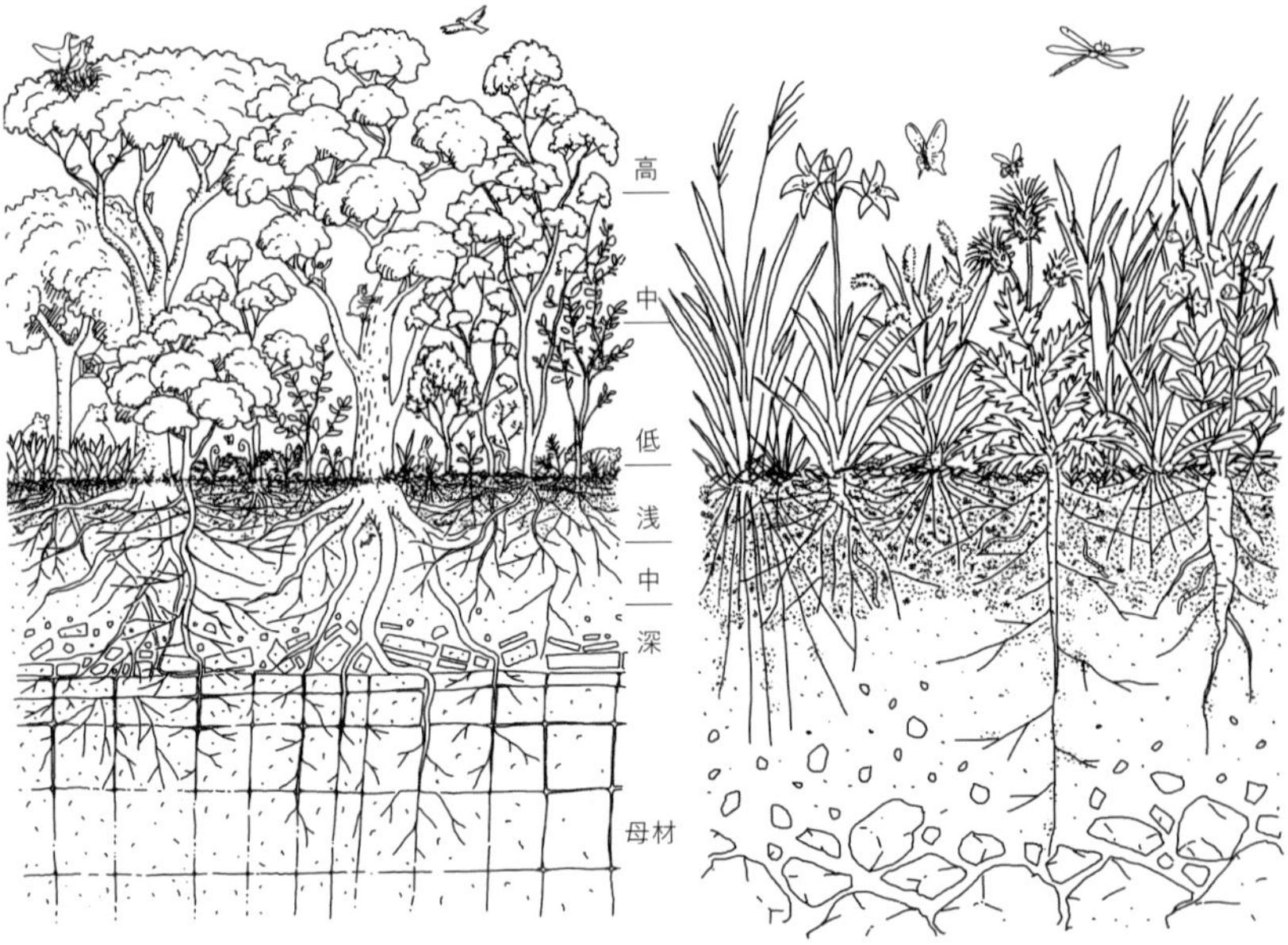

森林　　草原

森と草原の構造図

森が高木層、亜高木層、低木層、草本層、地表層と階層構造になって生物多様性によって空間を埋め尽くしているように、草原も背丈が低いなりにも背丈の高い草、低い草、地表層と階層構造になっており草丈の届く範囲で生物多様性によって空間を埋め尽くしている。動物や微生物もこの多様性ある環境の中に棲み分けすることで、さらに空間を埋めつくしている。よって、これら一匹一匹が物質やエネルギーを集め蓄えることは、空間に最大限、物質やエネルギーが集め蓄えられることになる。

大限のバイオマスが存在している状態になります。

また、森林ほど背は高くないですが、草原も同様に多様性で空間を埋め尽くしています。つまり、進化によって生みだされる生物多様性は、棲み分けという自己組織化によって面的に広がるだけでなく、立体的にも空間を生きもので埋め尽くし、最大限バイオマスが存在するようになるという方向性や働き、意味があるのです。

もし、右図の森林の空間に、背の高いマツ一種類だけを生やすとしたら、何本の木が生えることができるでしょうか。おそらく同じくらいの高さの木であれば、2〜3本くらいしか生えないでしょう。その樹幹の下には、木の陰のぽっかり空いた暗い空間だけが広がり、空間全体の生物量は少なくなるでしょう。

この「生物多様性は単位空間あたりの生物量を最大限にする」という論理と、前述の「いのちは、物質やエネルギーを集め蓄え、それを動的平衡することで持続可能となっている」という論理を掛け合わせると、新たな理論が成り立つと私は考えました。「生物多様性は単位空間あたりの生物量を最大にし、それにより集め蓄えられる物質やエネルギーなどの資源は最大となり、持続可能性がより安定する」という理論です。

「生命は、物質やエネルギーを集め蓄え、それを動的平衡することで持続可能となっている」ので、生物多様性により空間に棲み分けをすることで可能な限り多くの生きものが棲むことになり、その一匹一匹のすべての生きものが物質やエネルギーを集め蓄えることになります。

生物多様性によって形成される生態系は、生きものの集まりによる自己組織化によって散逸構造を作ります。そして、続く仕組みである「いのち」が入れ子構造状に働くようになることで、より安定し持続可能性が高まるのです。

この理論によって、「いのちとは何か？」ということと、生物多様性を応用することが考えやすくなり、実用的になっていきます。

例えば、土作り。一般的には、「土壌に団粒構造を作るよう土壌改良し水はけがよく水持ちのいい土を作りましょう。そのためには土壌の有機物を補うのと微生物相を良くするために堆肥を10ａあたり３ｔすき込みましょう。土壌のphを調整するために牡蠣殻石灰を10ａあたり２００kg撒いて耕耘しましょう」といった具合に農業書や家庭菜園の本などに解説されていると思います。

しかし、これらは実は土壌の環境の多様性である団粒構造（図P２４４）を作り、土の中のphなどの化学性を調整することで土壌に生物多様性をいかに生み出すかということに言い換えられます。微生物や植物の根、土壌動物に最大限生息してもらい、土壌にバイオマスが蓄えられ、その栄養素やエネルギーによって目的の作物が健康に育つというのが土作りの本当の理由なのだとも考えられるわけです。

さらに広い視点で考えると、人為的に森や草原を広げたり維持したりすることも、陸上に豊かさを動的平衡するアクションだといえます。そして、巡り巡ってそこに集め蓄えられている物質やエネルギーから、人間が生きていくために必要な食べ物や資源を引き出して、暮らしや社会を成り立たせ、いのちの仕組みに対してポジティブフィードバックするようにゴミや排泄物を還し、循環するようにすれば、環境は壊れずに逆に良くなっていくはずです。

40億年間、本来なら地球上の生きものすべてが、生きることが環境を作ることとなるように生命を繋ぎ、持続してきました。つまり、最大限、物質やエネルギーが集まり、蓄えられる仕組みが存在し、生きていくのに必要なものがそこから引き出せることこそが、本当の豊かさであり、その存在に絶対的な安心感を得られるのです。

この考え方は自然の大切さをより深く理解し、自分たちの暮らしに応用することに繋がりますし、社会の仕組みや会社組織、資本主義の仕組みなど様々な場面で応用を利かせることができるでしょう。なぜなら私たちの身の回りに本来ある森や川や海、そこにある草原や森などの生態系、すべての

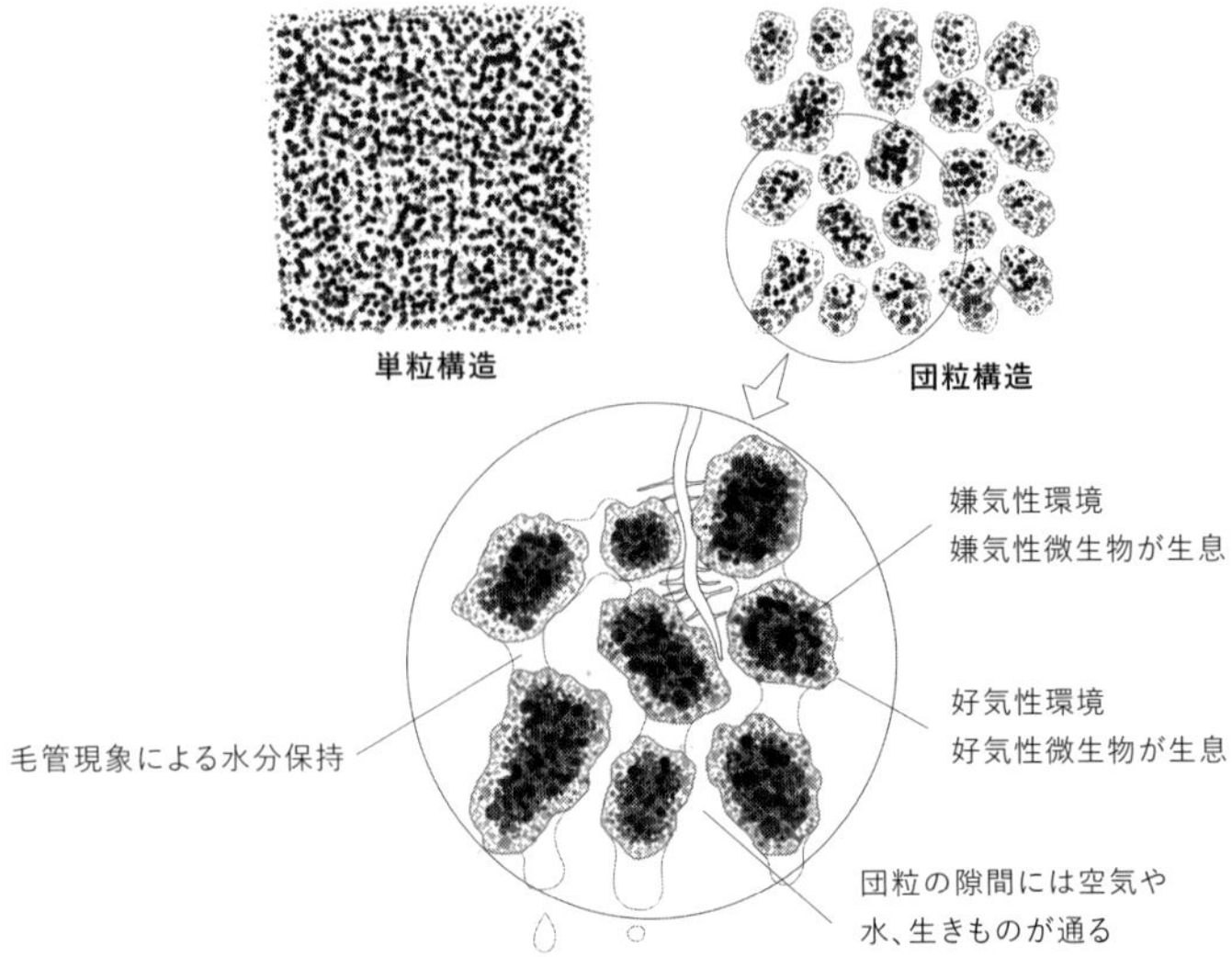

団粒構造

土壌の構造である団粒構造をミクロ視点で見ると、団粒と団粒の間を空気が通る団粒表面と、表面で好気性微生物によって酸素が消費されてしまう団粒内部で、好気性の環境と嫌気性の環境、乾きやすい環境、湿度を保ちやすい環境といった環境の多様性が生み出され、団粒構造が作られている。

仕組みは、いのちの仕組みの自己組織化の延長線上に生まれているものだからです。この本当の豊かさをもとに持続可能な暮らしをデザインすることが、パーマカルチャーの原理なのだと私は考えます。

「集める、蓄える」といういのちの仕組みは、物質やエネルギーをやみくもに集め、最大にしているというわけではありません。講義でこの話をすると、よく「集まりすぎたらどうなるのですか？」という質問が挙がります。その答えについて、説明したいと思います。

大学院の恩師、山寺喜成先生の講義でこんな話を聞きました。

植林を効果的に行うには、苗木を面的になるべく広く植えるのではなく、局地的に集中して植栽し、森を点々と作る方がいいというのです。そうすることで森が自立し、水や肥料を与えなくても育つようになり、それらの点々と植林した森が時間と共に広がって、それらが繋がることでやがて大きな森を形成していきます。そのほうが広い面積で手間をかけなくても、本物の森作りや緑化ができるというお話でした。

つまり、森などの生態系は単位面積あたりに集める物質やエネルギーは必要十分な量、あるいはその最大値が決まっていて、それ以上のものが集まるようになると規模を拡大し

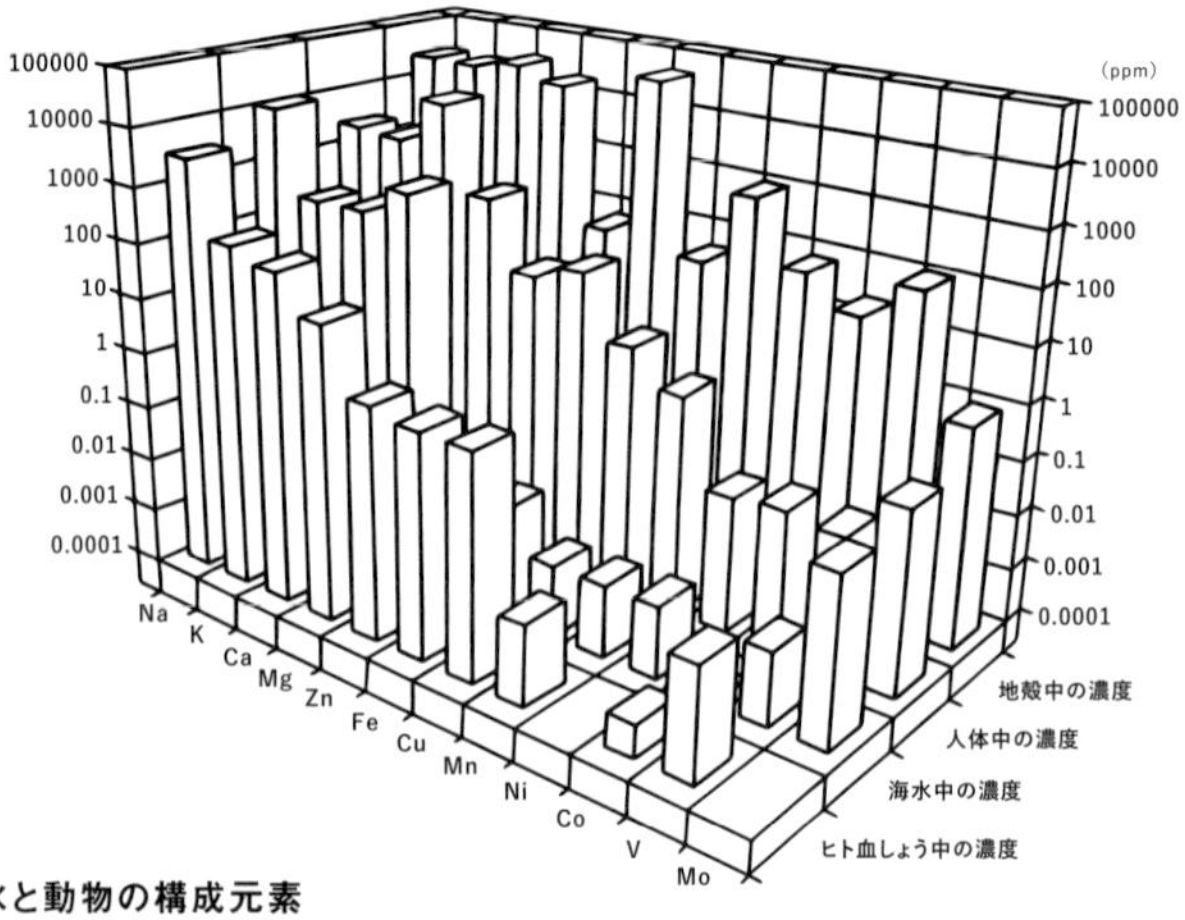

海水と動物の構成元素

海で生まれた生命は海水の成分に似通った元素割合で構成されており、多くの生命において普遍的な割合になっている。塩分が少ないがゆえの淡水や陸上はミネラルを得るのが海水中に比べ難しいので、そこに棲む生きものは骨にミネラルを蓄えたり土壌をつくることで土壌に蓄積し循環させることで賄ったりするなどバランスを保っている。

＊「現代化学」(東京化学同人／ No.360, 2001年)「元素の種類と濃度の比較」を参考に作図

ていくだけであり、単位面積あたりの物質やエネルギーは過剰になりません。

また、「生きものが闇雲に物質を集めると、バランスが崩れるのではないか？」という心配も生まれます。しかし、生物多様性による食物連鎖が多様な生きものを介すことで、そんな心配も要らなくなります。それぞれの生きものは、もとはひとつの細胞から生まれていて基本的な設計図は同じです。生きものによって構造の違いや摂取量の多い少ないはあるものの、生物多様性によって栄養

素のやりとりの多くは平均化されていきます。そのため、生態系や土壌に含まれる栄養素のバランスは保たれるのです。そのことについては、土を作り、野菜を育てる生活実験の中で身をもって実感しました。

コミュニティーと、未来の暮らし

コミュニティーも人の繋がりの自己組織化によって形成されており、いのちの仕組みの延長線上に形成される「続く仕組み」と考えられます。人が繋がるには共通の生活圏、目的、必要性、興味があることと生活スキル（コミュニケーションスキル、栽培やもの作りの技術、風土の認識）などが必要十分で自立していて、対等であるという条件が揃っていると経験的に自己組織化するように思います。

私自身も過去に経験がありますが、例えば、地方に移住すると、地元の人たちに「都会で勉強してきたのに、そんなこともできないのか」などと言われ、決定的な上下関係が生まれてしまうことがあります。地元の人は、それぞれが田畑を耕して作物を栽培していたり、草刈りをしていたり、山仕事をしたりと長年生活スキルを積んでいて、その経験と技術差があるからです。それに、異物に対して免疫が働くように、見ず知らずの人が集落へ入ってくることに対するそうした反応は、特に古くからあるコミュニティーでは起こる傾向にあると思います。

しかし、スキルの完成度が高くなかったとしても、日頃から必要十分な暮らしの作業をしていたり、一生懸命努力していたりすると、地元の人たちはどこかしらそれを見て、「がんばっているじゃないか」と評価してくれるものです。同じ地域で暮らしをがんばっている人を見れば誰だって、認めたり応援したりしたくなるものです。特に少子高齢化社会では地域の担い手が必要なので、そういう人が地域に新しく入ってくると心強く思ってくれるように思います。前に住んでいた長野県高遠町でも、現在の北杜市でも、休耕田を再生した時や竹林を開墾して畑にした時には、「鬱蒼としていたところがきれいになった。散歩する時の景色がいい」と、地元の人からしきりに言われました。同じ風土の中でそれぞれに置かれた立場で持続する暮らしを営んでいれば、生きることへの共通の理解や認識が生まれ、お互いに認め合えるようになるのだと思います。

高遠町の山村に住んでいた時、嵐による水害で近所の道が崩れてしまったことがありました。町が道の修繕をしに来てくれるのかと思っていたら、嵐が収まった次の日には何の話し合いもなく集落の人たちがユンボやダンプをそれぞれ運転して、直してしまいました。壊れた道路の状況を見ると、私の感覚では、工事の段取りや資材調達などを決めるミーティングは早くても3日、町が動くとなると1週間以上修理に時間がかかるだろうと思っていました。それがあっという間に終わってしまっていたので驚いたものです。同じ場所に長く住んでいて、場所もそれぞれの役割も知っていると、暗黙のコンセンサスがあり、ほぼ話し合いをしなくても問題解決できていることに感心しました。

昔は皆、集落内で農業や林業をやっていて、集落は仕事の場であり暮らしの場でありました。生きるためにその土地の生産力を活かして、糧やお金を得ていたのです。

よく地元の人と話していると「同じ沢の水を飲んでいる仲だから」という言葉を聞きました。その風土（その地域の植生や気候、地勢、景色など生きるための環境）に対する思いや大切さは、住んでいる人たちの普遍的な思いとなり、仲間意識を生みます。同じ土地に向かって暮らすことは自然と普遍性を生み、コンセンサスや生きることにおいての対等の感覚を生むのです。自立した世帯、家族が点々と地域に存在すれば、エコビレッジのようなコミュニティーを作ろうなんて決めたり計画したりしなくても自己組織化していくものので、そもそも地域の既存の集落もそうやって自然発生したものなのだと思います。

我が家は、ひたすら自分たちの暮らしが自立して成り立つようがんばってきて、わざわざコミュニティーを作ろうということは考えてもいませんでした。いずれ、自分たち家族がそのような存在になったり、周辺にそういう人や家族が増えれば、自然に繋がってほどよい距離感と依存関係が自己組織化していくと考えているからです。最近は、生ゴミコンポストを通した仲間や近所での繋がりができつつあります。

個人や家族の集まりが集落で、集落の集まりが町や市、またそれらの集まりが県、県の集まりは国です。生命の集まりが地球をガイアとしていのちを宿らせ、大きな続く仕組みにしたように、国もその延長線上にあり、いのちが宿ることで持続可能となっているはずです。

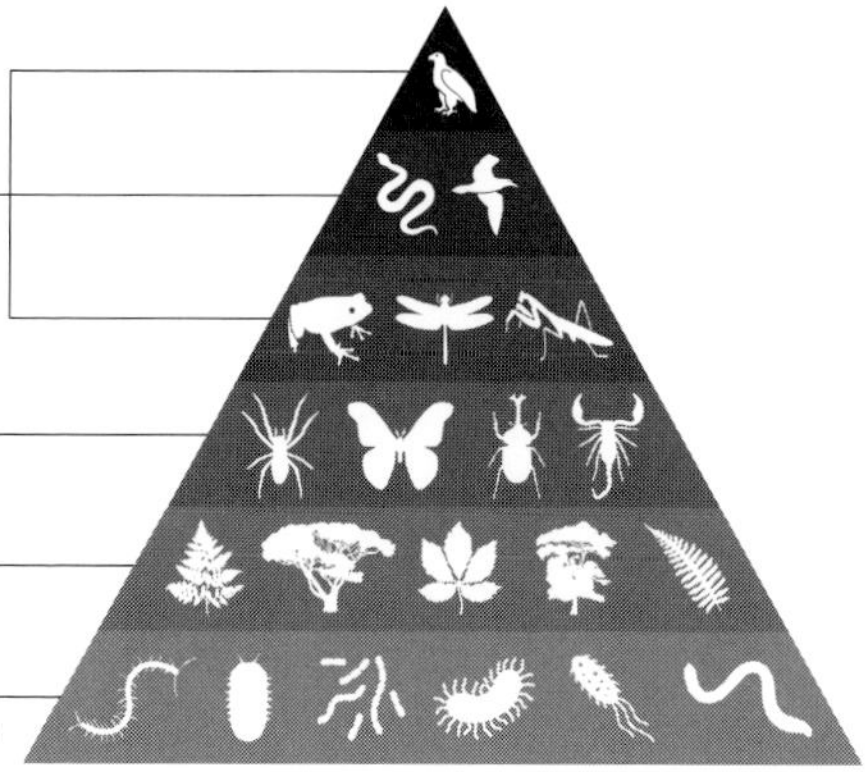

生態系ピラミッド

また、同じことが企業にもいえます。中小企業も大企業も持続する仕組みを目指しており、その中では企業文化や世代交代というように生命と共通する仕組みになっています。コミュニティーを構成する役割分担やそのバランスはとても重要です。生物界の食物連鎖や生態系ピラミッドは、生産者である植物、消費者である動物、分解者である微生物と、役割分担とバランスがあることで循環可能になっており、持続する仕組みになっています。

国の産業構成も、土地の生産性から引き出す農業や林業、水産業などの第一次産業、その引き出されたものを加工、生産する工業や建設業などの第二次産業、第二次産業で生産されたも

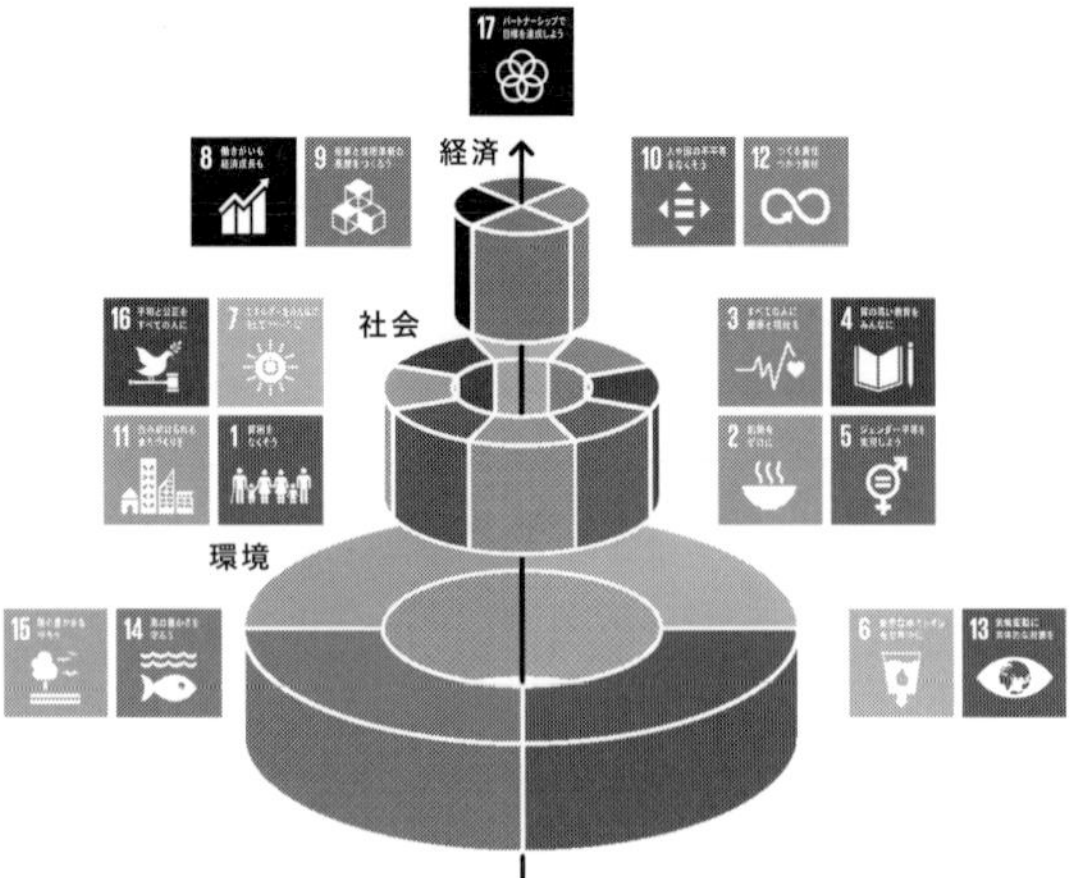

SDGsウエディングケーキモデル

出典:Stockholm Resilience Centre

のを流通、販売したりする運輸業と商業、そのためのお金のやりとりをする金融業、通信やメディアや宿泊などのサービス業などの第三次産業、これらも第一次産業を土台に二次、三次と生態系ピラミッドと同じようなピラミッド構造になります。なお、国勢調査によると1950年の日本では、第一次産業が38・5%、第二次産業21・8%、第三次産業29・6%という産業構造比になっていたようです。

〝SDGsの概念〟を表す構造モデルとして知られる「SDGsウエディングケーキモデル」も、生態系を土台に社会活動があり、その上に経済活動がありピラミッド構造です。

しかし、今の日本の産業構造はどうでしょう。なんと第三次産業の国民の人口割合が約72%、第二次産業が25％、第一次産業が4％とピラミッドが逆さになっていて、国土だけでは成り立たない構造になっています。これは完全にグローバリゼーションに依存した構造であり、日本の国土での、生産と循環による「いのちの仕組み」が機能していないことを表しています。国民が生活することと同時に山や農地、川や海の環境が保たれなくなっている要因となり、社会の歪みの原因になっているといえるのではないでしょうか。本来、会社も国も「いのちの仕組み」の延長線上にあることで持続可能となっているのです。

とはいえ4％までに減った一次産業従事者を、緑の革命が起こり、生産効率が上がった1970年代当時と同等の、人口割合20％前後に戻すのは大変なことです。そもそも少子高齢化で労働人口そのものが減っているので、各産業において人材の確保が難しくなっています。そして、グローバリゼーションに頼る食の確保をする以上、国内の農業や林業は不利な立場にあり、正当な労働賃金を得るのが難しい状況です。新規就農するにしても農地の確保やトラクターなど機械への初期投資、栽培技術や販売技術の習得など、起業して成功するには様々な職業の中でも難しいと考えられます。

では、どうしたらいいのでしょうか。私のこれまでの経験から考えると、もっともいい解決法は、農家人口を増やすのではなくて「農的暮らし」人口を増やすことです。

農的暮らしとは、兼業農家のように何らかの職業に就きながら生業としての農業に関わるのではなく、何らかの職業に就きながら食糧をある程度自給し循環させるという、私たち家族がやってきているライフスタイルです。基本的には自給がメインで、余剰物を産地直売所などに販売する程度なので、家庭菜園よりも少し規模が大きいくらいの農地規模ですが、耕作放棄地の有効利用と農地の保全にもなりますし、何らかの職業を軸足に農の技術が習得されたり、収入の軸足が他にあるためイニシャルコストが無理なく投資できたり、農的暮らしの中でその家の子どもは暮らしの中の遊びや手伝いからスキルを身に付け、農家予備軍にもなったりもします。

また、昔から農家のことを「百のことができるから百姓」ともいいますが、最初は何もできなかった私も、農的暮らしを実践する中で道具を修理したり、作ったり、納屋や堆肥小屋を建てたりと、農や暮らしで必要な作業を日々経験しながら、おそらく百以上の様々な仕事ができるようになりました。現代の農家は農作業が忙しすぎて、なかなか生業の仕事以外に暮らしの仕事をすることは時間的にも体力的にも難しいですが、何らかの職業が軸足にある農的暮らしの人なら農の規模も責任も大きくなく、農を含めた暮らしの作業を余裕を持って、人によっては楽しみや趣味として行うことができ、様々な生活技術を習得できます。つまり、いきなり生業としての農家を増やすのではなく、農家だけでなく様々な職業の予備軍を作る仕組みを地域や国に取り戻すのです。本来なら職業は暮らしの中から自然発生しました。

日本の高度成長期に地方から若者たちが「金の卵」と呼ばれ、第二次、第三次産業の働き手として都会に連れてこられました。当時は農業の機械化も進んでおらず、物もお金も少ない時代だったので、それこそ百のことができる育ち方をした若者たちだったと思われます。そんな若者が働き手になったからこそ、あの高度成長が可能だったのだと私は考えています。様々な生活技術や感覚を持っていたからこそ、様々な職業を高度にこなせたのです。

そのように考えると農的暮らし人口を増やせば農業だけでなく、様々な職業の予備軍を育てることになります。そして、第二次、特に第三次産業ほどＡＩの導入が進むはずなので、それにつれて自ずと労働人口は減り、ＡＩを導入しにくい第一次産業の労働人口を増やすことが技術的に可能になってくることも考えられますし、むしろＡＩはそのように活用するべきでしょう。

このようにして、日本に限らず様々な国で農的暮らしの人が増えることで、人々の生活と同時に環境や国土を保全する仕組みを作ることができ、国にいのちが宿ることで持続可能になっていくことが考えられます。それは自然破壊や地球温暖化の緩和や順応法のひとつになるはずです。

1億2000万人以上の人たちそれぞれ、暮らすことが環境を良くし、どんな職業であろうとも社会が持続可能となるようなベクトルが働けば、わざわざ大きなアクションを起こそうとしなくても自然とポジティブフィードバックが働き、問題は解決する方向へ進むでしょう。

「未来の暮らし」というと、ＳＦ映画に出てくるようなハイテクに囲まれた世界を思い浮かべる方が多いかもしれません。でも、本当に持続可能な社会を目指すのなら、もっと違う形だと私は考えています。それは、農的暮らしの人が多くを占め、ビルが建ち並ぶ代わりに多くの森や田園風景が広がっている。そんな土と共にある在り方こそが、「未来の暮らし」だと考えているのです。

地球再生型の暮らしへ

現在、人間活動を原因とする環境破壊や気候変動によって、過去の大量絶滅で起こった絶滅の100倍もの早さで絶滅が進んでおり、推定では地球上の生物の半数が絶滅危惧種になっています。人類の有史以前と現在では地球上の生物量は半分に減っているといわれています。生物量が半分ということは、生物が物質やエネルギーを集め蓄える力は半分になってしまったと考えられます。

有史以前の1万年前は500万人~1千万人だったのが、現在の世界人口は80億人以上。地球の生きものにとって必要な資源が集め、蓄えられる力は80億人に対して半分しかなくなってしまっているのです。持続可能性よりも目先の生産性を求め、その弊害が生まれているのが現代だと思います。

私たちはお金や物やエネルギーなどがたくさん存在することを求め、それがある状態を豊かさだと錯覚しがちです。本当の豊かさとは、生きていくのに必要十分な物質やエネルギーが豊富に「存在」していることではなく、恒常的に最大限集め蓄えられる「仕組み」であるということに気付くべきなのです。仕組みが生まれることでその仕組みが働き、力が生まれる。2章でも触れましたが、私はこれを「理力《りりょく》（ことわりの力）」と呼ぶことにしました。

本当の意味での豊かさを社会に取りもどすには、自然環境を保全し、いかに多くの生物多様性を確保するかにかかっています。環境の多様性とニッチを埋めてくれる生物多様性があれば、自然に自己組織化して生態系は修復され、また最大限物質やエネルギーを集め蓄えてくれるようになるはずです。生活することによって土ができたり、水が集まったり、豊かな草原のような農地や森ができたり、そこから必要な資源をその仕組みがポジティブフィードバックするように引き出し、理力が働く生活をし、ほかの生命を増やすことで地球における存在意義を生み出していかねばなりません。
一種類の大型哺乳類が地球上に80億以上いるということは、その生活が集める資源も、生物多様性による栄養素の平均化が働きにくくなるため、かなり偏って集まることになります。そうすると物質、つまり栄養素の生きものにとって、都合のいいバランスが乱れてしまうのです。

私が学生の頃に学んでいた農学や緑化工学では、砂漠のような乾燥地や硬く締まって劣化した土地など、表土がなく貧栄養で保肥力が弱く、微生物やミミズなどの土壌動物、植物が生息するのが難しい条件のところではまず、緑化植物の根張りが良くなるように生育条件を整えることが基本でした。水の供給法や土壌改良による物理性や生物性の改善、phの調整や、施肥による肥料分の補いと化学性の改善、空気の通りや水はけの改良、暗渠《あんきょ》パイプなどを埋設して地下の余分な水が抜き出るようにする排水工、などなど。まずは植生基盤を改良することで初めて、土壌生物がより深く行き来できたり、緑化植物の根張りを良くしたりするのです。

実は、自然界には人が影響していなくても、水持ちや水はけ、空気の通りに恵まれない生育条件の悪い場所もあります。しかし、そういうところにもその環境に合った生物が棲み、それも多様性を生み出す一因になっていて、全体の中での意味を持っているのです。すべてに意味があるという点でいえば、もちろん人間にも意味があります。人は土ができるメカニズムを知っていて、それを忠実に守って環境破壊にならない土作りをすれば、環境の豊かさに自ずと寄与することになるのです。

日本の自然環境では1㎝の土ができるのに100年かかるといわれています（降水量が少ないヨーロッパでは、1000年かかるといわれている）。作物が育つ作土層の土は30㎝必要ですが、堆肥などの必要な資材を活用すれば、最短1年で、その分の土を作ることができます。つまり、1㎝の30倍の深さの土を100倍の速さで作り、さらに3000倍もの速さで土ができることになります。そして、もともと1㎝ほどの表土にしか微生物などが棲めないような土壌であった場合、30倍もの生きものが土に棲めることになります。

人が食べ物を必要として、土を作り、作物を育てるということは、食べ物を作ると同時に土ができて、生きものが増えるということになります。人が生きることが同時にほかの微生物や植物を増やすことになるのです。そのような人間の性質を考えると、人間のこの地球上での本来の役割は、土を作ったり、草原や森ができるきっかけを作ったりすることではないかと思うのです。つまり、人間は「土を作る生きもの」なのです。

また、人の思考や知、そして文化もいのちの仕組みの延長線上にあると私は考えています。そこで、「文化」という言葉を複数の辞書で引いて調べてみました。辞書によって説明の内容はまちまちだったのですが、一番腑に落ちたのが次の引用です。

社会を構成する人々によって習得・共有・伝達される行動様式ないし生活様式の総体。（大辞林 第三版 三省堂）

つまり、文化とは単なる存在ではなく、習得・共有・伝達の連続によって多くの人によって内容や技術が磨かれ、継承され受け継がれる「続く仕組み」なのです。

農的暮らしを実践し、幼少の頃から私に様々な種を蒔いてくれた私の父や母たちの生活文化も、そもそもは祖父や祖母たちから受け継がれたものです。さらに遡っていけば、その日本の文化は、縄文時代から何らかの形で様々なことが受け継がれ、自己組織化して形成され、1万年以上続いてきたものだと思います。そしてそれを意識し受け継ぐことは、過去と現在と未来を繋ぐことになり、1万年の歴史と繋がることになります。

40億年前、地球上に生命が生まれました。文化がいのちの仕組みの延長線上にあると考えてみると、1万年どころか、40億年の持続可能性に繋がります。それを意識すると、なんとも温かな安心感と自己肯定感に包まれるのです。現代社会では比較的新しいことや技術を良しとしがちです。古いものは過去のものとして、取り壊されたり、忘れ去られたりする傾向にあり、過去と繋がるという意識を持てる場や機会も少なくなってしまいました。でも、私たち生命は続く仕組みです。過去があるから現在があり、未来があるのです。過去と現在、未来を繋げることが永遠に続く可能性となっていくのだと私は考えています。いのちは続く仕組みであり、40億年続いてきたからこそ、私たちは存在しているのです。

私のパーマカルチャーデザインにおいて、パーマカルチャーの原動力とは生活（人の生きるための活動）だと捉えて、デザインを考えてきました。

地球の仕組みは、たくさんの生きものの活動と繋がりによって動いています。草がそこに生きていることで同時に土ができるように、人の活動によって物質やエネルギーが集まり、土ができたり、栄養素が循環したり、水が浄化されたり、生物の多様性が増えたり。あるいは、里や里山の草原や森が若く保たれることで生物多様性や生産性が高く維持されたり、それによる美しい景色が作られたり……。人の活動と同時に、環境に対してポジティブフィードバックするようにデザインするのです。

人の暮らしが環境を豊かにすることは、パーマカルチャーの原則でいう「多機能性」の中でももっとも大切であると考えます。わざわざ里山や棚田を維持するというのは長続きしません。しかし、生きるために稲を育てるのであれば、棚田を維持し続けることができるでしょう。あるいは、飼料や肥料として利用するために草を刈ることで土手や森がきれいになったり、燃料を得るために木を切ることで森が若く保たれたりなど、日本にもともとあった里山の暮らしのように、人の活動が結果的に人を含んだ生態系となって維持されるようデザインするのがもっとも理想的なのです。

もし、消費することが同時に環境を壊すのではなく環境を豊かにすることに社会活動の様々な物事をリデザインすることができたら、80億人以上の人々の暮らしがそうなり、地球のいのちの仕組み自体の自己修復作用が働き、どんなに環境は修復され豊かになるでしょうか。

人の活動が環境を壊すのではなく、それと同時にほかの生きものを増やして環境を豊かにするライフスタイルや社会の仕組みに変えていけば、消費が環境を豊かにする正しい消費、正しい資本主義が自己組織化するかもしれませんし、そこに付加価値が生み出されるようにすれば、経済は活性し積極的に社会をリデザインすることは可能だと思います。

この星に生まれた生命という自己組織化は、星の表面すべてを覆い尽くし、互いに作用し続ける重々無尽な関係で成り立つ「いのち」を創り上げました。存在しているものすべてが、いのちという「続く仕組み」の上で永遠に続くために「意味」を成し、存在しているのです。普段の暮らしで見かける草や木、鳥や虫、落ち葉や土、その中にいるミミズやカビ、バクテリア、足下にある石ころひとつ、砂粒でさえ。そして私たち一人ひとりもです。

人間はその仕組みから逸れる活動をし、それに関係ないものを作りすぎました。その結果が現状で、人間は地球における存在意義を失いました。このままでは地球のがん細胞です。前述の通り、過去に地球の生きものは主に5回の大量絶滅に遭遇したのですが、残されたものや環境の自己組織化により、そのたびに復活してきました。今は第6の絶滅が進みつつありますが、その原因は巨大な隕石が落下するといった解決不可能なことではなく、たった一種の生きものである人間の活動なのです。

この本に書いた原理の応用を実行し、私たちが生きることで同時にほかの生きものを増やし、環境をより豊かにするよう生活様式を変えていけば、人は地球における存在意義を生み出すことができると信じています。

40億年続く「いのち」であれ！

おわりに

人間は奇妙な生きものだと思います。

地球上の多くの生きものは高度な思考能力はなく、置かれた環境でただ生きているだけで意味を成し、数万年から数億年と子孫を残し続けているのに対し、人間は思考能力があり環境の変化などの様々な問題解決ができるはずなのに、自分たちの存在どころか住んでいる星までをも壊して、大量絶滅を引き起こしてしまっています。

「考えられない」生きものは、生まれたときの生き方しかできません。しかし、生きるという方向性にすべての活動が向くので、小さな微生物から全長30mもあるシロナガスクジラのような生きものまで、大きさの違いがあってもその集まりは同じベクトルを向いていて、無数の集まりが地球の仕組みを動かす原動力となり得るのです。

「考える」ことは様々な生き方ができることでもあると思います。人間は考えることで生きることの多様性を生むことができるし、生きることを主たる目的としなくても生きていけます。お金を稼ぐことは生きることでもありますが、いつの間にか無意識に、お金を稼ぐことが生きることの目的になってしまっていたり、社会は経済を回すために存在しているかのようにマインドセットしてしまっていることもあると思います。つまり、生きるとは、いのちとは何か?という「考える生きもの」としての根源的な問いを、ある意味便利で守られた現代社会の中で、忘れたり問うことをやめてしまっているのだと思うのです。

私は環境破壊を危惧して緑化工学を学び、仕事に就きましたが、それらの環境技術は、たくさんある問題の中の小さな点を直すことしかできないと思いました。根本的に解決するにはどうしたらいいのかを考えたときに出てきたのは、「いのちとは何か?」の答えを出すことでした。誰にでもどの生きものにも共通する、いのちとは何かを理解し行動すれば、どんな職業、立場、性別、人種、年齢の人でも、どんな活動をしていても、生きるという同じベクトルが働いて大きな力となり、生きていることが同時に世界を豊かにし、環境問題に限らず様々な社会問題は解決され、真の平和が実現できると思うのです。地球の仕組みが多種多様な生きものたちの活動の集まりの結果、いのちという持続する仕組みで機能しているように。皆さんそれぞれの暮らしの集まりで、共に地球における存在意義を生み出し、未来の暮らしと世界を構築できたらと思います。

私はこれまで本当に好き勝手やらせてもらって、たくさんの人たちに迷惑を掛けてきました。この場を借りてお礼を伝えさせてください。大学院時代の恩師の山寺喜成先生、先生から学んだことは今にしっかり活かされています。パーマカルチャーデザイナーとしての実績を積む機会を与えてくれ、未熟な私を育ててくれたBeGood Cafe代表のシキタ純さん、恩返しもできず、最期も見届けられずごめんなさい。シキタさんに出会えなかったら今の自分はなく、本当に感謝しています。パーマカルチャーセンタージャパン代表の設楽清和さん、設楽さんのパーマカルチャーや塾生に対する態度はいつもいい緊張感を与えてくれて、私たち家族の暮らしの質を高めることに繋がりました。覚えが悪い上、休んだり約束を守れなかったりと長年ご迷惑をお掛けしている茶道のマリうえだ先生、日本文化の意味や楽しみ方を教えていただき、文化もいのちの延長線上にあることを気付かせてくださいました。喧喧諤諤の議論を交わした音楽プロデューサー小林武史さん、つたない私の役割を尊重して付き合っていただき、自信を与えていただきました。

この本の企画、編集を担当してくれた「Soil mag.」編集長の曽田夕紀子さん、遅筆な私を叱咤激励してくださった版元の浅井文子さん、7年来お世話になっている写真家の砺波周平さん、本の装丁を手掛けてくださったアートディレクターの小宮山秀明さん、最高のチームで私だけではできなかったことを表現でき、感謝しています。

そして何より、先の見えない努力と苦楽を共にして、持続可能な暮らしの生活実験を続けて来てくれた妻の千里と長男の木水土、次男の宙。育て、支えてくれた両親と妹。これまでの日々を思い起こせば涙が出てきてしまうほど、幸せで感謝の気持ちでいっぱいです。

繋がり、そして影響し合ってくださっている皆様に感謝です。

四井真治

PROFILE

四井真治（よつい・しんじ）

SHINJI YOTSUI

パーマカルチャーデザイナー。株式会社ソイルデザイン代表。信州大学農学部森林科学科にて緑化工学を修士課程修了、緑化会社にて営業・研究職、長野県で有機農業、有機肥料会社勤務を経て 2001 年に独立。「2005 年国際博覧会（愛知万博）」の「ナチュラルフードカフェ & オーガニックガーデン」のパーマカルチャーデザインを手掛け、プロとして活動し始める。2007 年に山梨県北杜市へ移住し、社会の最小単位である家族だけでどこまで暮らしを築けるかの生活実験を続けている。パーマカルチャーセンタージャパン講師、東北芸術工科大学コミュニティーデザイン学科非常勤講師、環境省「つなげよう、支えよう森里川海アンバサダー」プロジェクトメンバーなどを務める。千葉県木更津のクルックフィールズ、長野県軽井沢の風越学園の「いのちのつながりプロジェクト」のデザインや監修も手掛けている。著書に「地球のくらしの絵本」シリーズ（農文協）。

参考文献・資料）

「化学と生物」Vol.42, N0.1（日本農芸化学会／ 2004）

「Medical Gases」24 巻 1 号（日本医療ガス学会／ 2002）

「石油の開発と備蓄 25（6）」（石油公団／ 1992）

「地球惑星科学関連学会」（2001）資料 「地球システム変動とスノーボール・アース現象」

「Edaphologia」No.93（日本土壌動物学会／ 2014）

「日本土壌肥料科学雑誌」第 81 巻　第 6 号（日本土壌肥料学会／ 2010）

「森林総合研究所研究報告」Vol.12 No.1（森林総合研究所／ 2013）

「日本土壌肥料科学雑誌」第 91 巻　第 5 号（日本土壌肥料学会／ 2020）

「農林業問題研究」第 47 号（地域農林経済学会／ 1977 年）

「樹木医学研究」第 15 巻　4 号（樹木医学会／ 2011）

「海洋化学研究」第 7 巻　第 1 号（海洋化学研究所／平成 6 年）

装丁　小宮山秀明（TGB design.）
写真　砺波周平
著者提供（2章・P108-111・P132下）
転載（P126）「コンフォルト」151号 2016年10月号（建築資料研究社）
図版イラスト　四井真治（P69, 102, 106-107, 236, 240, 244）
企画・編集　曽田夕紀子（株式会社ミゲル）
編集担当　浅井文子（アノニマ・スタジオ）

アノニマ・スタジオは、
風や光のささやきに耳をすまし、
暮らしの中の小さな発見を大切にひろい集め、
日々ささやかなよろこびを見つける人と一緒に
本を作ってゆくスタジオです。
遠くに住む友人から届いた手紙のように、
何度も手にとって読みかえしたくなる本、
その本があるだけで、
自分の部屋があたたかく輝いて思えるような本を。

地球再生型生活記

土を作り、いのちを巡らす、
パーマカルチャーライフデザイン

2023年10月15日　初版第1刷　発行
2024年11月16日　初版第3刷　発行

著者　四井真治
発行人　前田哲次
編集人　谷口博文
アノニマ・スタジオ
〒111-0051
東京都台東区蔵前2-14-14 2F
TEL 03-6699-1064
FAX 03-6699-1070
発行　KTC中央出版
〒111-0051
東京都台東区蔵前2-14-14 2F
印刷・製本　シナノ書籍印刷株式会社

ISBN：978-4-87758-852-6　C0095